乡村振兴 RURAL REVITALIZATION

"三农"培训精品教材

苹果高效栽培 与绿色防控技术

● 师增胜　张彦玲　杨张侠　主编

中国农业科学技术出版社

图书在版编目(CIP)数据

苹果高效栽培与绿色防控技术／师增胜，张彦玲，杨张侠主编. -- 北京：中国农业科学技术出版社，2024. 6. -- ISBN 978-7-5116-6860-8

Ⅰ. S661. 1；S436. 611

中国国家版本馆 CIP 数据核字第 2024K5X148 号

责任编辑　王惟萍
责任校对　王　彦
责任印制　姜义伟　王思文

出 版 者　中国农业科学技术出版社
　　　　　北京市中关村南大街 12 号　　邮编：100081
电　　话　(010) 82106643 (编辑室)　　(010) 82106624 (发行部)
　　　　　(010) 82109709 (读者服务部)
网　　址　https://castp.caas.cn
经 销 者　各地新华书店
印 刷 者　北京中科印刷有限公司
开　　本　140 mm×203 mm　1/32
印　　张　5.5
字　　数　156 千字
版　　次　2024 年 6 月第 1 版　2024 年 6 月第 1 次印刷
定　　价　36.00 元

《苹果高效栽培与绿色防控技术》
编委会

前　　言

随着全球人口的增长和消费水平的提高，苹果作为世界上广泛种植和消费的水果之一，其市场需求量持续增长。在这样的背景下，发展苹果高效栽培显得尤为重要，它不仅能提高苹果的产量和品质，满足市场的需求，还能通过科学的管理和先进的技术，降低生产成本，提高果农的经济收益。

本书按照苹果栽培的基本流程，以通俗易懂的语言，深入浅出的方式，对苹果高效栽培与绿色防控的关键技术进行了详细介绍。全书分为八章，分别为苹果栽培基础知识、苹果园地规划与土壤准备、苹果树的定植与管理、苹果园的土肥水管理、苹果树的整形与修剪、苹果树的花果管理、苹果树病虫害绿色防控技术、苹果的采收与储藏。

本书适合广大苹果树栽培生产者、农业技术推广人员和农林院校师生阅读参考。

由于时间仓促和编者水平有限，书中难免存在不足之处，欢迎广大读者批评指正。

编　者
2024 年 3 月

目　　录

第一章　苹果栽培基础知识

第一节　苹果树的生长阶段与环境要求

一、苹果树的生长阶段

苹果树的一生会经历不同的生长发育阶段，这些阶段对果树的生长、结果和管理都至关重要。按照生长发育过程，苹果树通常可以分为以下几个阶段。

（一）幼龄期

幼龄期是从定植到第一次开花结果的时期，也称幼树期或生长期。其特点是生长发育迅速，树冠和根系迅速离心生长，使树冠和根系迅速扩大，枝叶量增加，干周加粗，光合和吸收面积扩大，同化物质积累逐渐增多，为花芽形成创造条件。

幼龄期的时间长短与品种、砧木、修剪方法、水肥管理等有关。一般普通型品种幼龄期长，短枝型品种幼龄期短；元帅系品种幼龄期长，金冠系品种幼龄期短；乔化砧树幼龄期长，矮化砧树幼龄期短；修剪量大幼龄期长，修剪量小幼龄期短；大肥大水幼龄期长，适量肥水幼龄期短。

这一时期要求给幼树的生长发育创造良好的土壤条件，如深翻扩穴，改良土壤，充分供应肥水；地上部要促进枝条生长，迅速扩大树冠，提高枝叶覆盖率，利用冬剪和夏剪相结合的方法增加枝量，为早果丰产创造良好的条件。

（二）初果期

初果期也称生长结果期，是从第一次结果至开始有一定经济产量为止。这时期的主要任务是通过肥水管理和轻剪，迅速将树冠扩大到预定的覆盖率，产量上升到盛果期的指标。同时，控制适当的枝类比，缓和树势，使花芽形成达到适度的比例。

（三）盛果期

盛果期是从有较高经济产量开始，经过高产稳产到产量开始连续下降结束。这一时期果实产量在一生中最高，品质也最佳。这一时期的任务是通过充足的肥水保证营养供应；采用细致修剪措施，调整各类枝条的比例，使营养枝、结果枝和预备枝均衡配备；生长、结果和花芽形成达到稳定平衡状态；通过疏花疏果技术，调控负载量，提高果实质量，减少大小年幅度，保持稳定的树势，尽可能延长盛果期。

（四）衰老期

衰老期是从稳产高产状态被破坏，直到产量降到几乎没有经济收益为止。这一时期的任务是通过疏花疏果减少消耗，利用更新枝条培养新的结果部位，尽量提高经济效益。配合深翻改土，增施肥水以改善土壤理化性状，促使根系更新，地上部适当重剪回缩促进生长。

衰老后期产量下降，甚至没有经济效益，大部分植株不能正常结果以至死亡。苹果树的寿命可以高达 50~60 年，但由于栽培技术的差异，一些新苹果产区苹果树寿命只有 30 年左右。乔化密植果园株行距大，达到盛果期晚，树冠大，更新的时期长，树木的寿命也长。

二、苹果树生长的环境要求

苹果树生长发育所需要的外界环境条件包括温度、土壤、水分及光照等。在栽植苹果树时就需要将这些因素考虑在内，做到适地适栽。

（一）苹果树对温度的要求

苹果喜冷凉干燥的气候，温度是决定苹果自然分布的主要因素。一般需要考虑年平均温度、生长期积温和冬季最低温、夏季最高温等。苹果生长发育所需的温度条件为年均温在 8~14℃，生长期（4—10月）平均温度 16~20℃，最冷月的月均温高于−10℃，7—8月最高温在 30℃以下。年平均积温在 3 000 ℃左右。

温度过高或过低都对生长发育不利。休眠期温度过低容易引起冬季抽条，温度过高则需冷量不足，花芽分化不良。苹果树休眠期需要有 3~5℃的低温才能通过自然休眠，苹果树休眠期可忍受−25℃低温，−30℃时会产生枝干冻害，这是苹果分布北方的限制因素。苹果在冬季低温条件下受害，包括冻害、越冬抽条等。

早春的温度及温度的变化，对苹果萌芽、开花和坐果都有明显的影响，开花期要求温度达到 17~18℃，早春的倒春寒常易引起苹果花期受晚霜危害而降低坐果率，花蕾可耐−3.85~−2.75℃低温，而花期仅耐−2.2~−1.6℃低温，幼果−2.2~1.1℃即会引起苹果低温冷害。

夏季温度过高容易日灼，温度过低，积温不足，生长不良。果实成熟期昼夜温差大有利于糖分积累，提高果实品质。

（二）苹果树对土壤的要求

苹果树的正常生长要求土层厚1米以上，排水通气良好，富含有机质，pH 值6.5~7.5，含盐量在0.15%以下，地下水位在3米左右的沙壤土和壤土均适宜栽植苹果树。

根据不同品种、树龄树势、常年结果量、土壤酸碱度、土壤质地等综合评判土壤肥力，确定施肥类型、施肥量和不同肥料施用配比，从而使果园土壤肥力得到改善。一般来说河滩沙地、丘陵地土壤瘠薄，有机质含量低，土壤营养不全，缺素症发生较严重，要注意增施相应肥料加以补充。其他类型的果园也要根据树体需求，适当增施所需肥料。改良果园土壤，可通过深翻熟化底土，增施有机肥，确保土壤养分均衡和增加有机质含量，一般在秋季施肥时进行果园深翻改土，使土壤通透性和容重得到改善。

（三）苹果树对水分的要求

苹果树对空气的湿度要求较低，对土壤水分要求较高，适宜栽植在降水量 500~800 毫米的地区，土壤相对含水量 60%~80% 时最适宜根系生长。

干旱缺水是苹果生产中遇到的主要问题。一般来说，生长期540 毫米的降水量即可满足其生长发育的要求，但是降水量分布不均是普遍遇到的问题，春季至夏初的干旱是不可避免的，因此，有条件的果园要进行灌溉。生长前期久旱骤雨，易引起落花落果，后期则引发裂果等。

（四）苹果树对光照的要求

苹果为喜光性树种。光照充足，有利于正常生长和结果，有利于提高果实的品质。不同品种对光照的要求有所差异。华北各地的日照时数可以满足苹果生长发育的需要，密植园因枝叶量过多，果树相互遮阴，有光照不足的问题。光照不足时枝叶生长纤细，光合能力下降，树体养分消耗大于积累，花芽分化不良，果实小、着色差、品质不佳。树冠内的光照由外向内、由上向下逐渐减弱，并且随着叶幕厚度增加而减少。整形修剪时要注意树冠内的光照情况，通过合理增加枝条间的距离、落头开心、适当疏枝等方法改善光照条件。栽植时选用南北行向，加大行间距离，行间保持一定距离的通道，株与株之间不交叉，降低树冠高度等方法都可以增加树冠内的光照强度。

影响苹果生长的其他环境因素还有海拔、地势、坡度、坡向、风、冰雹、环境污染等。

第二节　苹果品种介绍

一、早熟品种

（一）南部魁

南部魁是苹果的一个新品种。该品种 5 月下旬至 6 月中旬陆续成熟，成花结果早，品质优良，果肉黄白色至乳白色，细脆多汁，酸甜爽口，有芳香。结果早而丰产，定植第二年株产 8.25 千克，第三年株产 18.75 千克，第四年起亩（1 亩 ≈667 米²）产 2 000 千克以上。在四川、重庆、云南的十多个县市试种，皆表现出适应性强，可以在四川盆地和南方相似区推广种植。

（二）瑞普丽

瑞普丽苹果成熟特别早，6 月中下旬成熟，为目前世界上成熟最早的优良品种之一。

瑞普丽果大，平均单果重 197 克，最大 289 克，短圆锥形，全面鲜红色，光洁，艳丽美观，果肉细嫩，清脆爽口，汁多，无渣，味甜，有香味，口感好，风味优美，品质上等，很耐储运。

瑞普丽栽植后翌年即可结果，自然坐果率高，抗病力强，不裂果，不落果，高产，亩产可达 3 000 千克。

（三）早捷

树势强健，枝条较粗壮，有腋花芽结果习性，早实，丰产。6 月中下旬成熟。果实圆形，果面全面浓红色，美观，平均单果重 150 克，果肉乳白色，肉质松脆，汁液多，酸甜，风味爽口，品质上等，是一个优良的红色早熟品种。

（四）贝拉

果实较小，近扁圆形，平均单果重 130 克，底色淡绿黄，果面大部分紫红色，可全面着色。果肉乳白色，肉质脆或稍疏松，汁中多，味甜酸，品质中上等，成熟期在 6 月中下旬。采前落果轻，丰产性好。果实不耐储藏。

（五）夏红

别名六月红。在山西中部地区种植，一般 6 月底成熟，是山西省内目前成熟期最早的苹果品种之一。六月红果实近圆形，平均单果重 148 克；果面光洁，浓红，底色黄绿；果肉白色，酸甜适口，有淡香味，品质上等。

（六）泰山早霞

果实宽圆锥形，果形指数 0.93；平均单果重 138.6 克；果面光洁，底色淡黄，色调鲜红；果肉白色，可溶性固形物含量 12.8%，糖酸比 21.2，酸甜适口，有香气；果实发育期 70～75 天，在泰安地区 6 月 25 日前后成熟。

（七）嘎萌

该品种是以嘎拉、富士杂交育成的早熟品种，又称嘎富。果实圆形至圆锥形，平均单果重 200 克，最大 250 克，果肉白色，肉质致密，果面光洁，全面浓红色，鲜艳美观，硬度中等，果汁多，可溶性固形物含量 13%～14%，含酸量 0.7%～0.8%，风味浓郁，口感好，品质佳；无采前落果现象。7 月中旬成熟。该品种适应性较强，能栽种富士品种的苹果产区均可栽植。

二、中晚熟品种

（一）信浓红

信浓红苹果是蔷薇科苹果属植物。果实 7 月底至 8 月初成熟，无采前落果现象，耐储性与嘎拉相当，自然条件下货架期可达 2 周左右。果中大，平均单果重 250~300 克，果实长圆形，完熟时果面着全面浓红色，洁净无锈，果形高桩、端正，外形美观；肉质细脆多汁，甜酸适口，香气浓郁，可溶性固形物含量 13.4%。树势强健，枝条萌芽率高。定植后第四年即开花结果，亩产 556 千克，较丰产，长、中、短果枝均可结果，以短果枝结果为主，占 55% 以上。

（二）秦阳

果实扁圆形或近圆形，平均单果重 198 克，最大 245 克，果形端正，无棱，果形指数 0.86。底色黄绿，条纹红，全面着鲜红色。果点中大，中多，白色，果粉薄，果面光洁无锈，蜡质厚，有光泽，外观艳丽。果肉黄白色，肉质细，松脆，汁中多，风味甜，有香气，品质佳。果肉硬度 8.32 千克/厘米^2，可溶性固形物含量 12.18%，可滴定酸含量 0.38%。7 月中下旬果实成熟。

（三）摩利斯

果实长圆锥形，形似红星，平均单果重 250~280 克，果面光滑，底色乳黄，全面覆鲜红及不明显的细条纹。萼洼中深，有明显五棱突起。果肉松脆，多汁。味甜，香味浓，可溶性固形物含量 15.2%，硬度 7.6 千克/厘米^2。7 月下旬至 8 月上旬果实成熟。

（四）红夏

果实圆锥形，果皮底色为黄色，果面条状鲜红色，光亮，无锈，果实后部有明显棱状突起。平均单果重 300~400 克，可溶性固形物含量 14%~16%，可滴定酸含量 0.54%，果汁多，甜酸适口，果肉黄白色，肉质脆。8 月上旬采收。

（五）红露

短枝型品种。8 月下旬成熟。果实长圆形，果个大，平均单果重 230~300 克，最大 350 克。果皮薄，全面着鲜红色，兼有红色条纹。果肉黄白色，脆甜爽口，风味独特，汁液丰富，可溶性固形物含量 14%，含酸量 0.31%，果心小，硬度大，极耐储运，常温下放置数月品质不变。自花结实，丰产性强，应做好疏花疏果工作。

(六) 凉香

果个大，平均单果重 280 克，最大果 400 克，果形为长圆形，高桩，果实全面着色，鲜艳美观，果面有光泽。果肉淡黄色，果心小，肉质细，汁多，酸甜适度，有蜜甜味，可溶性固形物含量 14%~15%，清香爽口。成熟期 8 月底至 9 月上旬。

(七) 华硕

果实近圆形，稍高桩；果实较大，平均单果重 232.0 克。果实底色绿黄，果面着鲜红色，果面平滑，蜡质多，有光泽；果肉黄白色；肉质中细、松脆。采收时果实去皮硬度 10.1 千克/厘米^2，汁液多，可溶性固形物含量 13.1%，可滴定酸含量 0.34%，风味酸甜适口，气味芳香，品质上等。果实发育期 110 天左右，成熟期介于美八与嘎拉之间。

(八) 乔纳金

美国三倍体品种。树势中庸，萌芽、成枝力均较强，进入结果期早，以中、短果枝结果为主，有腋花芽结果习性，丰产稳产。果实圆形或短圆锥形，个大，平均单果重 300 克，果面鲜红，果肉淡黄，肉质细脆，果汁多，甜酸适口。9 月中下旬成熟。新乔纳金和红乔纳金是乔纳金的着色系枝变品种，主要是果实着色面大且更艳丽，其他性状与乔纳金相同。

(九) 红将军

又称红王将，为早生富士的着色系芽变品种，近圆形，平均单果重 307 克，果实色泽鲜艳，全面浓红色，无明显条纹，其他性状与早生富士无异。9月上中旬成熟,比普通红富士早熟40天以上。

(十) 珊夏

平均单果重200～250克,果形呈圆锥形,果色为黄绿色、鲜红色,并有条纹。糖度为13.1%,酸度为0.53%。8月上旬成熟。室温下可储藏1个月左右,冷藏可储存到12月。

(十一) 中秋王

红富士和新红星杂交育成的优秀中熟苹果新品种。果实极大且果个均匀,平均单果重420克,最大600克;果型高桩,树冠内外膛果实均100%全红且着色鲜艳;肉质硬脆、甜香爽口。中秋王为短枝型且树势壮,3年结果,5年丰产,9月中旬成熟。

(十二) 赛金

果实近圆形,果形指数0.85,平均单果重196.8克;果面光洁、黄绿色,无果锈;果肉黄白色,汁多硬脆,果实可溶性固形物含量13.7%,果实硬度9.3千克/厘米^2,可滴定酸含量0.35%;风味酸甜,品质上等。果实出汁率高,储藏稳定性好,褐变轻;适合鲜食及果汁加工兼用。果实发育期135天左右,在青岛地区9月中旬成熟;树势强,幼树生长旺盛,以短果枝结果为主,果实及树体在田间表现出较好的抗病性,尤其抗炭疽性叶枯病。

(十三) 嘎拉系

结果早,坐果率高,成熟前有轻微落果。果实短圆锥形,果形端正,果顶有五棱,果梗细长,平均单果重160～180克,果形指数0.84,果面黄色,具红色条纹,果肉细脆多汁,风味酸甜。9月上中旬成熟。易产生芽变,皇家嘎拉、太平洋嘎拉、新嘎拉是嘎拉的芽变品种,果实全面鲜红色,富有光泽。我国选出烟嘎3号、泰山嘎拉等芽变品种。

1. 烟嘎 3 号

果实近圆形至卵圆形，果形指数 0.85；平均单果重 219 克；果面色相片红，大部或全部着鲜红色；果肉乳白色，风味浓郁，肉质细脆爽口，可溶性固形物含量 12.2%，果肉硬度 6.7 千克/厘米²。果实发育期 110~120 天，在烟台地区 8 月底至 9 月初成熟。可与富士、新红星等互为授粉树。

2. 泰山嘎拉

果实圆锥形，果形指数 0.84，平均单果重 212.8 克；果面着色鲜红，底色黄绿，全面着片红，果面光滑；果心小，果肉淡黄色，肉质细、硬脆，汁液多，甜酸适度，有香气。果实去皮硬度为 7.2 千克/厘米²，可溶性固形物含量 15.0%，可溶性糖 13.8%，可滴定酸含量 0.39%。早果性和丰产性好，抗病性强。在泰安地区 8 月 10 日左右果实成熟。

(十四) 元帅系

元帅系品种是由红元帅发展而来的无性系品种，多数是芽变而来，第二代是红星，第三代是短枝型芽变，称为新红星，目前已发展到第五代，有 70 多个成员。

1. 新红星

元帅系的第三代芽变，是从红星中选出的短枝型芽变品种。果实中大，平均单果重 150~180 克，呈长圆锥形，果面光滑，全面浓红，五棱突起甚为明显。果肉淡黄色、致密、松脆、汁液较多，品质上等，市场上又称蛇果。9 月下旬成熟，较耐储藏。

2. 首红

是元帅系第四代短枝型芽变品种。树体较小，树姿直立，树冠紧凑，栽后 2 年即可见花，短枝多，长枝少，成花易，结果早，丰产。果实中大，平均单果重 200 克，高桩，五棱突起明显。果面全红色且鲜艳，果肉淡黄色，香味浓，是元帅系的优秀品种。成熟期比元帅早 10 天左右。耐储性明显优于元帅。与首红同期问世的优良短枝型芽变品种还有超红、艳红、魁红，连同首红同期引入我国，人们俗称四红。元帅系的第四代芽变短枝品种还有银红、红鲁比短枝等。

3. 瓦里短枝

是元帅系的第五代芽变品种，从首红中选出。果实着色极早，8 月中旬即可上满色，盛花后 120 天即可上市。五棱突起明显，果实全面浓红色，平均单果重 215 克，最大 350 克，耐储性优于新红星。有腋花芽结果习性。

4. 华矮红

也是元帅系的第五代芽变品种。树冠开张，枝条角度大，半短枝型，弥补了直立短枝不易管理的缺点。平均单果重 220 克，大果重 350 克，果实色泽浓红，果肉洁白。由于着色早，着色艳，极适于着色不良的地区栽培。元帅第五代芽变品种还有纽红矮生、俄矮 2 号、阿斯等优系品种。

（十五）金冠系

金冠又称金帅、黄元帅、黄香蕉等。是传统的与红元帅相搭配的中熟品种。易形成花芽，易丰产。果实圆锥形或卵圆形，整齐均匀，平均单果重 180 克。果皮薄，金黄色，易生果锈。果肉黄色，肉细，甜而多汁，富有芳香气，品质上等。9 月下旬成熟。从金冠中选出的短枝型品种金矮生、好矮生等常用作新红星的授粉品种搭配栽植。

（十六）津轻系

津轻是从金冠的实生后代中选育的品种。果实长圆形至圆形，平均单果重 170 克，底色黄绿，全面被红色霞条，有光泽；果肉黄白，多汁，有芳香气，酸甜适口；9 月初成熟，不耐储藏。

红津轻是津轻的浓红型芽变品种。坐果率高，早期丰产，但有采前落果现象。

初津轻是瓦吉津轻枝变品种，被称为早熟津轻。平均单果重350~450克，果面浓红，外观美，果肉同津轻，甘甜、多汁。储藏性同津轻。不摘叶片和铺反光膜即能全面着色。比津轻提前10天采收。

红奥也是津轻芽变品种。平均单果重350~450克，果面条状鲜红色。风味似津轻，有浓郁的芳香味。采前不落果，为晚熟不落果的津轻。

三、晚熟品种

（一）福艳

果实近圆形，平均单果重249克；果面光洁，果实底色黄绿，果面大部着鲜红色；果肉黄白色，肉质细而松脆，果实硬度7.0千克/厘米^2，可溶性固形物含量14.3%，含糖量12.60%，可滴定酸含量0.21%。汁液多，味甜，风味浓，香气浓郁，品质极上；在烟台地区果实10月上旬成熟；较抗轮纹病，果实在冷藏条件下可储存2个月。

（二）王林

果实长圆形，果形端正。果个大，平均单果重200克。果实黄绿色，果皮厚韧，果面光滑、无锈，有光泽。果肉乳白色，肉质细，松脆汁多。风味甜或酸甜，有香气。可溶性固形物含量14.1%，硬度8.3千克/厘米^2。品质上等。10月中旬成熟，耐储藏，不皱皮，可储藏至翌年3—4月。

（三）斗南

果实圆锥形，平均单果重360~500克，果实全面鲜红色，不需要套袋，果形正，果肉黄白色，在晚熟品种中风味极佳，甜中略带酸味，有香气。10 月中旬采收，可储藏到翌年 4 月。

（四）瑞阳

平均单果重 282.3 克，果形指数 0.84。全面着鲜红色，果面平滑，有光泽，果点小，果粉薄。果肉乳白色，肉质细脆，汁液多，风味甜，有香气。果肉硬度 7.21 千克/厘米^2，可溶性固形物含量 16.5%，可滴定酸含量 0.33%。果实耐储藏，常温下可存放 5 个月，冷库可储藏 10 个月。

（五）瑞雪

平均单果重 220 克，果形指数 0.90，果实圆柱形，果皮黄色，果面光洁，果点小，有蜡质；果肉黄白色，硬脆，肉质细脆，酸甜适口，汁液多，风味浓，可溶性固形物含量 16.0%，可滴定酸含量 0.30%，硬度 8.84 千克/厘米^2。成熟期 10 月中旬。

（六）福丽

果实近圆形，平均单果重 239.8 克；果面光洁，未套袋果实全面着浓红色；果实硬度 9.5 千克/厘米^2；汁液中多，风味甘甜，香气浓郁，可溶性固形物含量 16.7%（对照富士 15.2%），可滴定酸含量 0.28%（对照富士 0.29%），品质佳，果实极耐储藏，无须套袋栽培。10 月中旬成熟。

（七）岳阳红

果实近圆形，果形指数 0.85，果形端正。平均单果重 205 克，大果重 245 克，果个较整齐。果皮底色黄绿，近成熟时全面着鲜红色，色泽艳丽。果面光洁，果肉淡黄色，肉质松脆、中粗，汁液多，风味甜酸、爽口、微香、无异味。成熟时去皮硬度 10.1 千克/厘米^2，可溶性固形物含量 15.2%，总糖含量 12.52%，可滴定酸含量 0.50%，维生素 C 含量 5.35 毫克/100克。较耐储藏，恒温库可储存至翌年 5 月。果实发育期 145 天。

（八）望山红

果实近圆形，平均单果重 260 克。果形指数 0.87。果面底色黄绿，着鲜红色条纹，光滑无锈。果肉淡黄色，肉质中粗、松脆，风味酸甜、爽口，果汁多，微香，品质上等。果实去皮硬度9.2千克/厘米^2，可溶性固形物含量15.3%，可滴定酸含量0.38%，维生素C含量8.35毫克/100克，总糖含量12.1%，果实10月上中旬成熟。

（九）新世界

平均单果重200克。果实长圆形，端正整齐。果实底色黄绿，果面光洁无锈，被浓红色条纹，色泽鲜艳。果肉黄白色，肉质致密，脆而硬，果汁中多，风味酸甜，有香味。可溶性固形物含量13%～15%，含酸量0.3%左右，品质上等。10月上中旬成熟。基本上无生理落果和采前落果现象。

（十）粉红女士

果实近圆柱形，平均单果重200克，最大306克。果形端正，高桩，果形指数为0.94。果实底色绿黄，着全面粉红色或鲜红色，色泽艳丽，果面洁净。果肉乳白色，脆硬，果实硬度9.16千克/厘米^2，汁中多，有香气，可溶性固形物含量16.65%，总糖12.34%，可滴定酸含量0.65%，维生素C含量84.6微克/100克。耐储藏，室温可储藏至翌年4—5月。10月下旬至11月上旬果实成熟，果实生育期200天左右。

（十一）国光系

抗寒性较强的一个晚熟主栽品种，在长城沿线以南地区已逐渐被富士替代。幼树生长旺盛，萌芽率低，成枝力低，基部易出现光腿。结果晚，寿命长。坐果率高，丰产。果扁圆形，平均单果重130克。肉细脆、多汁，酸甜适度。果实极耐储藏。10月上中旬成熟。已经从国光中选出了浓红色的国光，如新国光、红国光等，还选出了短枝型国光。

（十二）富士系

芽率高，成枝力强。三年生开始结果，坐果率高。平均单果重 200~250 克，汁多，酸甜可口，品质极佳。10 月下旬成熟，极耐储藏。抗寒性稍差。红富士是富士着色系芽变的俗称，按着色状况分为 2 个品系，片红为着色 1 系，条红为着色 2 系。目前红富士家族已有 60 多个成员，引入我国的主要有长富 1 号、长富 2 号、秋富 1 号、岩富 10 号、青富 13 号、盛放 1 号、盛放 2 号、盛放 3 号、短枝富士等十几个品系。我国选育的红富士优系还有烟富 3 号、烟富 6 号、礼泉短枝等。

1. 长富 1 号

片红，果实个大，扁圆形，平均单果重 300 克，最大 600 克，果面浓红，肉脆多汁，味甘甜，食之爽口。

2. 长富 2 号

平均单果重 300~350 克，果实长圆形，高桩，果肉黄白色，多汁，甜度高，口味好，浓条红色。树姿开张，易丰产。

3. 2001 号

又称 21 世纪。鲜艳条红，着色好，果个大，平均单果重 300~400 克，果实长圆形。10 月下旬成熟，丰产。

4. 烟富 3 号

从长富 2 中选出。果实个大，平均单果重 250~300 克，果实圆形，端正，着色容易，浓红艳丽，着色系属片红，全红比例 78%~80%，果肉淡黄色，致密脆甜，风味佳。成熟期 10 月中旬。

5. 岩富 10 号

又称岩手Ⅰ系，是日本岩手县园艺试验场从该县紫波郡紫波村吉田重雄果园中选出的富士着色系芽变品种。果实圆或近圆形，果个大，平均单果重 280 克，大小整齐，果形指数 0.97。果实底色黄绿，全面着色，色浓较暗，有时呈淡紫红色，片红。可溶性固形物含量 16.2%。10 月下旬成熟。

6. 秋富 1 号

又称山谷Ⅱ系，是日本秋田县果树试验场从该县平鹿村醍醐山谷喜太郎果园苗木中选出的富士着色系芽变品种。果实扁圆形或近圆形，果个大，大小整齐，果形指数 0.80。果实底色黄绿，片红型，充分成熟可全面着色，覆暗红条纹。

7. 烟富 6 号

烟台市果树站从惠民短枝富士中选出的着色良好的短枝型富士品种。1998 年通过山东省农作物品种审定。果实扁圆至近圆形，果形指数 0.86～0.90；平均单果重 253～271 克；果面光洁，易着色，色浓红；果肉淡黄色，致密硬脆，汁多，味甜，可溶性固形物含量 15.2%，果肉硬度 9.8 千克/厘米^2；成熟期 10 月中旬。果实极耐储藏。

8. 寒富

沈阳农业大学育成，亲本为东光×富士。1978 年杂交。果实短圆锥形，平均单果重 230 克，最大 510 克。底色黄绿，颜色鲜红、片红，全面着色。果肉淡黄色；肉质松脆，初采时去皮硬度 9.9 千克/厘米^2，汁液多；酸甜，味浓，有香气，品质上等。可溶性固形物含量 15.2%，可滴定酸含量 0.34%。耐储藏性极强，采前不落果，丰产性能强，无大小年结果现象。在沈阳地区 10 月初果实成熟，果实发育期 135～140 天。

第三节　苹果树苗的繁育与选购

一、苹果树苗的繁育方法

（一）苗圃地的选择

1. 苗圃地的选择

苹果苗圃地以选择土层深厚、肥沃、土壤酸碱度呈中性或微酸性的沙壤土为好。选择的地块应靠近公路或交通要道，以利于苗木的运出和其他工作的便利进行；地势平坦、高燥，背风向阳，日照充足、均匀，排水和灌溉条件良好，地下水位低于 1.5 米，无危害苗木的病虫害，且不能重茬；培育过苹果苗的地块需要经过 2~3 年的轮作后才可再繁育苹果苗木。

2. 苗圃地的准备

在秋末土壤封冻前或早春土壤解冻后，每亩撒施优质有机肥 3 000~5 000 千克、过磷酸钙 50 千克或磷酸二铵 20 千克。为了预防苗木立枯病、根腐病、蝼蛄、蛴螬等病虫危害，每亩撒施 77%硫酸铜钙可湿性粉剂 1 千克和辛硫磷颗粒剂 5 千克，耕翻 20~30 厘米后整平耙细，按播种要求及起苗方式做畦。一般人工起苗畦宽 1.6~1.8 米，畦长 10~15 米，畦埂宽 30 厘米。

(二) 砧木苗的培育

1. 实生苗的培育

实生苗木根系发达，对环境适应性强，常作砧木用来嫁接育苗。目前生产中常用的砧木有山定子、八棱海棠、平邑甜茶和海棠果等种子。各地根据砧木的特点及当地立地条件，选择适宜的砧木类型。如选择山定子作砧木，其抗寒性强，但抗盐碱能力弱；选择八棱海棠作砧木，其抗盐碱能力较强，树体高大，但抗涝性较差。在采集或购买种子时，要注意品种或种类纯正、充分成熟、籽粒饱满、无病虫和检疫对象。同时要进行生活力鉴定，以确保种子质量。苹果砧木种子需在一定的低温、湿度和通气条件下，经过一定时间的沙藏处理并完成后熟作用后才能发芽生长。一般沙藏的有效温度为-5~7℃，最适温度为 2~7℃。

(1) 层积催芽法。将种子放入水中，漂去瘪粒种子、虫蛀种子及杂质，再将饱满种子用温水浸泡 24 小时，取出后与 5 倍于种子体积的湿沙混合。沙子要纯净无泥土及杂质，湿度以手握能成团、松手后一触即散（约为田间持水量的50%）为宜。种子量大时可挖沟层积处理。在室外选背风、地势高燥、排水良好的地方挖储藏坑，坑深以种子堆放后位于冻土层之下为好。坑底放10厘米厚的湿沙后再放混合好的种子，厚度不超过50厘米，上边覆20厘米的湿沙，再覆土并培成屋脊形。覆沙培土时应插1束玉米秸秆用于空气流通。

种子量少时，可选用花盆、木箱等容器进行层积催芽。储藏沟宜选在背阴、高燥处，沟深0.8米，长、宽视种子量而定。层积时，首先在容器的底部铺1层湿河沙，然后按照种沙体积比1∶（5~7）的比例将种子和沙子充分混匀，上面盖10~20厘米厚的河沙，为保证通气，在中间插上1束玉米秸秆，将容器埋入储藏沟内，储藏沟上面需盖土20~30厘米，使其高出地面，也可将容器放入地窖。层积催芽期间要保持储藏沟内相对湿度为60%~70%，温度为0~7℃。

层积催芽的后期要经常观察种子的萌动情况，防止种子过早发芽或霉烂。预防种子过早发芽的措施：一是层积催芽地要背阴；二是在早春气温回升时，白天遮盖层积催芽地点，晚上揭开，以减少热量的蓄积。有条件的地方，在层积催芽处理的后期，可将种子装于编织袋中，放在0℃左右的冷库中，能有效防止种子发芽，并可延迟播种时间。冷库储藏时，装种子的袋间要保持一定的距离，以利散热。同时，监测容器内沙子的温度，使其保持在0℃左右。在层积催芽处理的后期，温度过高会导致已经通过后熟的种子发芽。

在播种前5~7天检查种子催芽情况，如催芽程度不够，可将种子移到温暖处催芽。在种子30%以上咧嘴露白时即可播种。

（2）水浸催芽法。用水将瘪粒种子、虫蛀种子漂净，加3倍体积的温水浸泡1~3昼夜，待种皮变软，种子吸水量达干重的

25%~75%时捞出，混入 5 倍体积的湿沙，堆放在温暖处进行催芽。当种子 30%以上咧嘴露白时即可播种。浸种时每 12 小时换清水 1 次。催芽时要注意检查种子温度、湿度，湿度不足时要喷水，温度以 20~25℃发芽最快且整齐。

（3）播种时期。砧木种子经过层积催芽或水浸催芽后，在春季土壤解冻后当气温达到 5℃以上，5 厘米地温达到 7~8℃时播种，华北地区在 3 月中旬至 4 月上旬，南早北晚。播种量因砧木种类和种子质量不同而异。一般山定子每亩 1~1.5 千克、八棱海棠每亩 1.5~2.0 千克。播种前将层积催芽或水浸催芽后的种子放于温暖、潮湿的条件下催芽，当有一半种子露白时即可播种。

（4）播种方法。多采用带状条播。畦宽 1.6~1.8 米，每畦播 4 行，窄行行距 25~30 厘米，宽行（带距）40~50 厘米。播种沟深 2.5~3.0 厘米。沟内浇小水，待水渗后撒播种子，在种子上面撒 1 层细沙土后再覆土耙平。苹果的砧木种子为小粒种子，出土时拱土能力很差，给播种带来一定的困难，并且由于播种时间比较早，在早春干旱少雨的条件下，很难保持种子出苗过程的湿度，苗木出齐前又不能浇水，否则土壤板结，苗木出土更加困难。解决的办法是播种覆土耙平后在其上面覆盖 1 层地膜，当种子萌芽基本出齐后撤除地膜，为防止短期高温灼伤幼苗，高温天的中午应注意放风降温。这样既满足了种子发芽出土的湿度要求，又不影响种子出土，适合北方春季干旱条件下应用。

（5）播后管理。苗木长到 5~6 片真叶时进行 1 次间苗，株距 15 厘米左右，间苗后每亩追施尿素 5 千克或氮、磷、钾复合肥 10 千克。追肥后浇水，并中耕松土。注意防控苗期立枯病、白粉病、缺铁黄叶病和蚜虫、红蜘蛛等病虫害。结合病虫害的防控，于叶面喷施 0.3%的尿素或 0.2%的磷酸二氢钾。为促进苗木加粗生长，尽快达到嫁接时的粗度要求，在充足供给肥水、及时中耕除草、适时防控病虫害的前提下，当苗木高达30厘米以上时进行1~2次摘心。

2. 矮化砧木苗的培育

矮化砧木苗的培育方法有水平压条法、直立压条法、扦插育苗法及组培法等。

（1）水平压条。将矮化砧木的母株与地面呈45°夹角栽植。春季将矮砧母株上充实的一年生枝水平压倒，用木钩固定于深为2~3厘米的浅沟中，待芽萌发后，抹除位置不当的芽。当留下的芽生长到30厘米左右时，培湿土或锯末于新梢基部，高度为10厘米左右，20~30天后即可发根。1个月后再培土1次，使土堆高度达到20厘米左右。秋季扒开土堆，剪下生根的小苗即为矮化自根砧苗。

（2）直立压条。将矮化砧木的母株与地面呈90°夹角栽植。春季萌芽后，当新梢长到15厘米左右时进行首次培土，培土厚度不能超过5厘米。1个月后当新梢长到30厘米左右时再次培土，厚度为15~20厘米，当苗高50厘米时进行第三次培土。秋季落叶后扒开所培土堆，从母株上分段剪下生根的小苗即为矮化自根砧苗。

（3）扦插育苗。是自根营养繁殖的方法之一，具有方法简便、繁殖迅速、并能获得整齐一致的苗木等优点。扦插育苗主要分为嫩枝扦插和硬枝扦插。

①嫩枝扦插。是在生长季节剪取矮化砧的半木质化枝条或嫩梢，在扦插棚内扦插，使枝条生根长成新的植株。选择地势高燥、阴凉且排水良好的地方，南北向建扦插床，床宽0.8~1.2米、长3~6米、深20厘米，侧面垒砖，床内放15厘米厚的干净河沙，床上搭小塑料拱棚，棚高40~60厘米。插穗长15厘米左

右（最少2~3节），上端剪平，下端剪成斜面呈马蹄形，留上端1~2片叶，剪去其余叶片，插入沙中。株行距以叶片离开、不搭上为好，深度10厘米。插好后给床面喷水，盖好塑料膜。待插穗生根后即可移栽，培育成大苗。注意要定期检查扦插棚内温度、湿度。温度高且湿度小时，可喷水降温增湿，如果温度较高且湿度较大时可在扦插棚外部喷水降温。

②硬枝扦插。是利用矮化砧充分成熟的一年生枝条进行扦插，该方法采条容易，成活率高。在晚秋矮化砧落叶后剪取充分成熟、无病虫害的枝条，剪截成约50厘米长的枝段，每50~100根1捆，并挂上标签，埋于背阴处以备春季使用，储藏温度保持在1~5℃。开始扦插育苗时，应以土温（15~20厘米深处）稳定在10℃以上时最为适宜，过早土温低，不利于生根。扦插株行距3厘米×5厘米，插穗保留2~4芽，上端剪平，下端剪成斜面呈马蹄形，直插或斜插于沙床中，沙床应保持湿润。在温度、湿度适宜，使用营养钵在温室内快速繁殖苗木时，可提早扦插，但温度应保持在5℃以上，营养钵内土壤保持湿润。

（三）苗木嫁接

嫁接是植物人工繁殖方法之一。即把优良品种植株的枝条嫁接到另一植株的枝、干或根上，使其愈合生长为新植株的技术。经嫁接培育成的新植株称为嫁接苗木。

1. 芽接

芽接是以芽片为接穗的嫁接繁殖方法。芽接具有节省接穗、嫁接成活率高、接合牢固、成苗快、可嫁接时间长等优点，生产中应用较多。主要方法有"T"字形芽接、嵌芽接和带木质部芽接等。根据芽片是否带有木质部常分为带木质部芽接和不带木质部芽接2类。在皮层容易与木质部剥离的时期，用不带木质部芽接。在接穗皮层剥离困难的时期，或接穗皮层薄、不易操作时，可带少量木质部进行嫁接，即带木质部芽接。若接穗皮层和砧木皮层都不能剥离时，则用嵌芽接。

（1）接穗的采集。接穗必须从品种纯正、生长健壮、无病虫害或检疫对象的营养繁殖系成年母树上采集。一般采用树冠外围生长充实的新梢中段作接穗，为防止接穗失水而影响成活率，要随采随用，采后立即剪去叶片，留下叶柄，捆好并挂上标签注明品种，然后用湿布或塑料布包好，置阴凉处备用。若路途较远或需要短时间存放时，可将接穗埋于湿沙中或放于湿度较大温度较低的地窖中，但不能超过5天，否则，嫁接成活率显著降低。

（2）砧木的准备。在嫁接前5~7天浇1次透水，清除杂草，抹除砧木基部15厘米以下的分枝和叶片。喷1次杀虫剂，杀灭刺蛾和毛虫类害虫。

（3）芽接时期。普通苹果育苗需要2年育成，即春季播种当年秋季进行嫁接，接芽当年不萌发，翌年春季萌芽生长，秋季苗木落叶后出圃。常采用"T"字形芽接，一般在8—9月砧木、接穗均容易离皮时进行。嫁接过早，接芽容易当年萌发，由于生长时间短而难以越冬，或砧木后期加粗而包被接芽，影响翌年春季接芽萌发；嫁接过晚，砧、穗皮层不易剥离，影响嫁接的工作效率和嫁接的成活率。在嫁接时，如果遇到接穗离皮不好，而砧木却能正常剥离时，可用带木质部芽接。如若砧、穗都不能剥离时，可采用嵌芽接。

在培育矮化中间砧二年生速成苗时，一般在5月下旬至6月中旬进行芽接。采用上年冬季修剪时采集的接穗做休眠储藏嫁接时，采用嵌芽接；利用当年新梢做接穗，砧、穗均易剥离时，可采用"T"字形芽接；接穗一方不宜离皮时，可用带木质部芽接或嵌芽接。

（4）嫁接方法。常用的芽接方法是"T"字形芽接和嵌芽接。

①"T"字形芽接。为普通芽接法。先从接穗上选饱满芽，用嫁接刀从芽下 1.5 厘米处向上削，刀深要达木质部，削至超过芽上 1.5 厘米处为止，在芽上 1 厘米处切断皮层，连接到纵切口，用手捏住芽两侧，左右轻摇掰下芽片。芽片长约 2 厘米、宽约 0.6 厘米，不带木质部，若不易离皮时也可微带木质部。

在砧木嫁接部位切成"T"字形接口，深达木质部，横切口稍宽于芽片，纵切口稍短于芽片。撬开截口，将切好的芽片插入切口中，使芽片上缘与接口横切口对齐使其紧接。用塑料条自下向上扎紧，露出叶柄或芽。一般接后 20 天即可成活。

②嵌芽接。是带木质部芽接的 1 种方法，可在春季或秋季应用，砧、穗离皮与否均可进行，用途广、效率高、操作简便。

在接穗或砧木不易离皮时可用此法。方法是倒拿接穗，自芽上方 1 厘米处向下斜削 1 刀，长约 2 厘米，再在芽下方 1 厘米处向下斜切至第一刀口底端，取下芽片。依照相同方法在砧木需要嫁接处削切口，切口稍长于芽片，将芽片插入切口，用塑料条自下向上扎紧。

中间砧嫁接品种时的高度应根据中间砧长度要求而定，一般中间砧长度以 20~30 厘米为宜，芽接一般 20 天左右检查成活率。凡接芽新鲜叶柄一触即落即为成活，对未成活的要及时补接。在培育矮化中间砧二年生速成苗时，接芽萌发后要及时剪砧，剪口在接芽上方 1 厘米处并向接芽背面下斜。

2. 枝接

枝接的方法较多，常用的有腹接、劈接、斜劈接、切接、插皮接、舌接等。只要砧、穗健壮，季节适宜，操作迅速，削面平直，砧穗形成层对紧，绑扎严密牢固，任何接法成活率都很高。

（1）接穗采集与处理。枝接接穗必须从丰产、稳产、优质、品种纯正、生长健壮、无病虫害及检疫对象的母本树上采集。一般采用树冠外围生长充实的一年生发育枝作接穗。枝接接穗一般是结合冬季修剪时采集，采后立即捆好并挂上标签注明品种，可将接穗放于地窖或冷库中并用湿沙土埋好覆严，也可选背阴、高燥处挖沟沙藏保湿。

嫁接前取出枝条用清水冲洗干净，晾干表面水分后，剪成保留 3 个以上饱满芽（长 5~10 厘米）的枝段。为了防止嫁接后接穗失水而影响成活率，嫁接前可对接穗进行蘸蜡密封，所用蜡选用高熔点的工业石蜡为好，蘸蜡时蜡温应保持在 95~105℃。接穗蘸蜡时速度要快，以免烫伤接芽。

（2）枝接时期。枝接在砧木树液开始流动以后即可进行，在保证接穗于嫁接前不萌芽的前提下，嫁接时期越晚越好，以便成活率进一步提高。生产中枝接可持续到砧木展叶以后进行。

（3）枝接的方法。生产上常用的枝接方法有腹接、切接、劈接、插皮接、舌接等。

① 腹接法。在接穗下端平直处已选好芽的两侧各削 1 平斜面，两侧长度分别为 2~3 厘米和 2.5~3.5 厘米，使其形成靠芽一侧较厚，芽背面较薄的楔形。在砧木平滑处斜向下剪一切口，与接穗削面同长。然后插入接穗，使砧穗形成层对齐，并将接口以上的砧木枝条在紧贴接口处剪掉，用塑料绳将接口部位捆严绑紧。适合砧木与接穗等粗或比接穗粗 1 倍左右时采用。单芽腹接的操作方法与腹接法基本相同，但所用接穗（枝段）仅保留 1 个饱满芽，不进行蘸蜡密封。具有节省接穗，成活率高，方便快捷，降低生产成本，提高工作效率等优点，该法目前在生产中应用较为普遍。

② 切接法。将接穗削成 2 个斜面，长面 3 厘米左右，位于下部第一芽的同侧；短面 1 厘米左右，位于长面对侧。将砧木在

嫁接部位切断，并于木质部的边缘处向下纵切，切口长度与接穗长度相同。然后插入接穗，使一侧或两侧形成层对齐并绑扎。砧木较粗时常用此法。

③ 劈接法。接穗的削面等长（3 厘米左右）并位于底芽的两侧。砧木横断后，由中心部位向下纵切，切口长度与接穗长度相同。然后插入接穗，使一侧或两侧形成层对齐并绑扎。此法在砧木与接穗同粗（可使两侧形成层对准）或比接穗粗达数倍时（使一侧形成层对准）均可采用。如将砧木切口由向下纵切改为向一侧斜切，则为斜劈接法。此法宜在砧木稍粗时采用，优点是接口夹的接穗较紧密，接穗的方向便于调整。

④ 插皮接法。又称皮下接，适于砧木较粗且易离皮时进行。在接穗底芽对面削一长 2~3 厘米的马耳形斜面，并将其对面的皮层削下一部分，露出形成层。砧木横截后，将接穗顺其皮层插入，而后绑扎。

⑤ 舌接法。适用于较细的枝条嫁接，以砧木与接穗粗度接近为好。操作时，先将砧木和接穗削成长度相等的大斜面，再把斜面从髓部上方斜切 1 刀深入木质部约 0.5 厘米，使其形成舌状楔，然后把两者对插，对准形成层绑紧。

枝接后 30~40 天进行成活率检查，同时将绑扎物放松或解除。已成活的接穗上芽萌动或新鲜、饱满，接口产生愈合组织，死亡的接穗干枯或变黑腐烂。对未成活的应及时补接。

3. 接后管理

随着嫁接苗的生长，砧木基部易生出许多萌蘖，应反复抹除，以免与接穗争夺养分，影响接穗的成活与生长。对春季枝接的苗木，待接穗（或芽）成活后应及时解绑。接穗上萌发多个新梢时，选留 1 个生长势健壮的进行培养，其余的及早摘心控制其生长势。

5月中旬、6月中旬、7月中旬各追肥和浇水1次，一般每亩追施尿素25~30千克或氮、磷、钾复合肥40~50千克。浇水、施肥后要及时进行中耕除草，以防杂草危害而影响苗木的健壮生长。苗木生长季应注意防控病虫害，在喷药时加入0.3%的尿素或0.2%的磷酸二氢钾，以促进苗木的苗壮生长。

（四）大树多头高接

多头高接是改种换优和改接授粉品种的良好方法。一般是在春季树液流动、枝条离皮后进行。多头高接时根据砧树的树体结构，对各级骨干枝（中心主干、主枝、侧枝）、大型辅养枝和大枝组1次改接完成。接前对各类需嫁接的枝条在适宜粗度处锯断，然后综合运用劈接、腹接和插皮接等方法嫁接，尽可能多部位嫁接。嫁接时对接口断面较粗的，可在同一断面上接2~4个接穗，一般断面接1~2个接穗，以利接穗成活和断面伤口愈合。

大树多头高接后的管理措施需要注意3个方面。

（1）除萌。高接后会萌发大量萌蘖，需多次进行除萌蘖工作。当树上的新梢量较少时，为防止大枝干日灼，可暂时留下少量弱萌蘖或进行枝干涂白。

（2）解绑和绑支柱。接穗成活后，当新梢长到20厘米左右时解绑，以防接口处加粗出现绞溢现象而影响生长。

解绑后由于接口未愈合牢固，刮风、降雨或人为碰撞容易劈折，因此，需要捆绑支棍加以支撑固定。

（3）新梢选留和生长势的调控。不同高接方式管理有所不同。二至四年生树，主干直径小于10厘米时，进行主干高接，在距地面50~60厘米处截干，枝接2~3个接穗，成活后选留其中一个生长旺的作为新的植株，其余的及时扭伤压平，保证新植株旺盛生长，冬剪时按树形要求进行严格的整形。主干直径大于10厘米时，在各个主枝上重短截后进行多头高接，接穗多具有

2~3 个芽，每个接口一般接 1~4 个接穗。因此，成活后萌发新梢数量较多、长势强，如不及时控制长势、调整新梢的分布方向，会影响树体结构。一般在新梢长到 20 厘米左右长时，根据树体结构的要求选留新梢，调整其伸展方向，促进形成树冠骨架。其余新梢尽量保留，但要摘心、扭梢、拿枝软化等控制长势，促生分枝。冬剪时也要严格整形，疏除多余的新枝，控制竞争枝，2~3 年可恢复树冠和产量。

二、优质苹果树苗的选购

（一）确定来源

优良苹果苗要纯正，要适应当地自然环境条件。一般当地相关单位直接培育的苗木是比较信得过的。对个体户经销的，要搞清苗木来源或接穗来源，确认可信时才能购买。

（二）看根系

优质苹果苗必须具有较多的侧根、须根。同时侧根要分布均匀，不可太少或偏向一侧。一、二级苗木，应具备 5 条以上的侧根，根粗要达到 0.45 厘米以上，长度在 20 厘米以上。

（三）苗干的高度

优质苹果苗苗干高度达 1~1.2 米以上为宜，但也不宜过高。苗干粗度（嫁接部位以上 10 厘米处），乔化砧苗达 1~1.2 厘米以上，矮化中间砧苗应为 0.8 厘米以上。同时矮化中间砧长度须达 20~35 厘米，但选购的同一批苗子，中间砧长度尽可能一致，变幅不应超过 5 厘米。另外，苗木应顺直，无干缩皱皮现象。

（四）芽子

优质苹果苗必须在定干部位以下的整形带 40~80 厘米内，具有 8 个以上充实、饱满的芽子。

（五）愈合度

无论枝接或芽接的果树苗木，接口必须愈合牢固，愈合不足1/2的，即使其他条件合格，也不宜购买。

（六）无病虫害

凡有花叶病、锈果病、根头癌肿病、烂根病以及各种病毒病的苗木一定不要购买，带有苹果蚜虫的苗木也要进行消毒。

（七）无受冻

苗木越冬假植不当，极易受冻害，剪断枝条，断面变为褐色，说明受冻，这样的苗木成活率低不宜购买。

（八）根系无霉烂

苗木越冬假植时，密度过大或假植过早，苗根易发生霉烂。正常的苗根，表皮颜色新鲜，断面呈白色；霉根表皮为褐色或黑褐色，手触即破裂，这样的苗木不宜购买。

（九）无失水

正常苗木枝条圆润，断面呈绿色，手感柔软发凉，失水苗木枝条皱缩，断面呈白色，手感挺直发硬，苗木成活率低，失水严重的根本栽不活，不宜购买。

三、苗木消毒与运输

（一）苗木消毒

对于自育和外购的苗木进行消毒，杀除有害虫卵和病菌是苹果新发展地区防止病虫害传播的有效措施。目前常用的消毒方法有2种。

1. 浸泡杀毒法

用3~5波美度石硫合剂水溶液浸苗10~20分钟，然后用清水将根部冲洗干净，或用1：1：100的波尔多液浸苗20分钟左右，再用清水冲洗根部。此法可杀死大量有害病菌，对苗木起到保护作用。

2. 熏蒸杀毒法

将苗木放置在密闭的室内或箱子中，按 100 米^{3}用 30 克氯化钾、45 克硫黄、90 毫升水的配比，先将硫黄倒入水中，再加氯化钾，此后人员立即离开。熏蒸 24 小时后，打开门窗，待毒气散净后，人员才能入室取苗。进行熏蒸杀虫的操作时，工作人员一定要注意安全。为了苹果的绿色无公害生产，禁止使用生汞、氰化钾等剧毒药物进行苹果苗木的杀虫消毒。

（二）苗木包装

苹果苗木进行消毒后立即进行包装，使苗木保持不失水的新鲜状态，以提高苗木栽植成活率。包装材料应就地取材，一般以价廉、质轻、坚韧并能吸足水分保持湿度而不致迅速霉烂、发热、破散者为好，如草帘、蒲包、草袋等。填充物可用碎稻草、稻糠、木屑、苔藓等，绑缚材料用草绳、麻绳、塑料绳等。包装时每捆 50~100 株，根部可向一侧或根对根摆放，先用草帘将根包好，其内加填充物。包裹好的苗木捆上应挂牢标签，注明其品种、等级、数量、出园日期、生产单位和地址。

（三）苗木运输

根据运输要求将不同品种分别打捆包装好后，要尽快地进行装车运输。为了防止在运输过程中的风吹、日晒等对苗木造成伤害，必须选用箱式货车或带篷布车辆。长途运输时，途中应喷水保湿。到达目的地后，立即解绑、假植。苗木运输最好在晚秋或早春气温较低时进行。

（四）苗木假植

苗木不能及时外运或运达目的地后，不能立即栽植或翌年春季方可栽植时，则要临时假植或越冬假植，以防风吹散失水分和受冻。具体做法是短期假植可挖浅沟，将苗木根部埋在地面以下浇足水即可。越冬假植则应选择地势平坦、避风向阳、不易积水处挖沟假植。假植沟一般深60~80厘米，冬季严寒、春季多风的地区，沟深应在150厘米左右；沟宽1米左右，沟长视苗木数量而定。最好南北延长开沟，苗木向南倾斜放入，根部和基部均以湿土填充。严寒地区要求培土到定干高度（80厘米以上，并在其上覆盖草苫），然后浇透水，使土与苗根密接，防止苗木干枯。

苗木数量较少时可利用菜窖储存或挖土窖埋存。苗木放入窖内，根部朝下，用细沙土培实，浇足水即可。

第二章　苹果园地规划与土壤准备

第一节　苹果园选址的考虑因素

选择良好的适栽园地进行建园时，应综合考虑当地的地势地形、海拔高度、气候、土壤、灌溉等因素。坚持适地适栽原则，这关系到果园能否建成，能否实现早果早丰、优质稳产，以及果园经济寿命长短、市场竞争能力和经济效益等问题。

一、地势和地形

苹果适合于在平原、丘陵坡地栽培，以地势较平坦或坡度小于5°的缓坡地建园较好。因为该类地形光照充足，昼夜温差大，通风良好，有利于生产优质果品。山坡地最好选择南坡和西南坡向建园，超过10°~20°的陡坡地段，应先修梯田，后栽树。

在坡地槽谷或坡地中部凹地、平地地势低洼的地方，冬季、春季由于冷空气下沉，往往形成冷气湖或霜眼，易使苹果遭受危害，不适合栽培。

二、海拔高度

栽植园区的海拔高度明显影响温度、湿度、日照和紫外线等气象因素，因此，也会影响苹果树树体生长状况和果品质量。我国的苹果栽培范围较广，从沿海海拔不足6.6米的地区至西北黄土高原、云贵川高地海拔近 2 200 米的地区均有苹果栽植。但是，绝大部分多分布在海拔 50~1 000 米的地区。沿海低海拔（环渤海湾、黄河故道）果区，一般昼夜温差小，日照少，紫外线也较少，果个大，着色不良，耐储性较差；而西北黄土高原、云贵川高地果区，海拔在 800~2 000 米内，日照强，年光照时数多（在 2 200 小时以上），昼夜温差大（>10℃），苹果树易成花结果，果实着色好，风味浓，耐储藏。在不同纬度下，其适宜海拔高度也不同，甚至差别很大。如北纬 38°~40° 地区，适宜海拔高度应在 200~500 米；北纬 33°~35° 地区，适宜海拔高度应在 1 000~1 500 米；北纬 28°~30° 地区，适宜海拔高度应在 1 600~2 000 米。

三、气候

我国苹果产区分布很广，各地自然条件有很大的差异。但共同的气候特点是春季干旱、少雨，夏季高温、多雨，雨热同季，苹果的春梢生长不足，夏、秋梢生长过旺，此时正值花芽分化期，枝梢的旺盛生长影响了花芽分化的数量和质量。因此，如何控制树势和枝条旺长，调节枝梢生长的节奏，促进花芽形成，成为我国苹果栽培技术的重要议题。在园地选择时要根据苹果的生长结果习性和气候特点选择适宜的园地。绝大多数的苹果品种，经济栽培的最适宜区的气候条件为年平均气温 8~12℃，年降水量 560~750 毫米，1 月平均气温 -14℃ 以上，年极端最低温度 -27℃。夏季（6—8 月）平均气温 14~23℃，大于 35℃ 的日数少于 6 天；夏季（6—8 月）平均最低气温 15~18℃，6—9 月月平均日照数 150 小时以上。

四、土壤

包括土层厚度、理化性状、土壤微生物、水、肥、气、热等多种因素，其中土壤酸碱度、含盐量往往成为限制因子。我国的苹果发展多在山地和沙地，土壤比较瘠薄，有机质含量低，苹果树因营养缺乏或不平衡引起的生理病害比较普遍，进而影响果品产量和果品质量。因此，在果园选择时要充分考察当地的土壤条件。苹果适宜的土壤条件为土层厚度，活土层在 60 厘米以上；土壤肥沃，根系主要分布的土壤有机质含量不低于 1%；通气性好，空隙度在 10% 以上，土壤含氧在 5% 以上；土壤 pH 值 5.5～7.5，土壤含盐量在 0.28% 以下，生长正常时在 0.16% 以下；地下水位一般应低于 1 米。

五、灌溉

我国的淡水资源缺乏，而且苹果产区降水分布不均，为了提高果品产量和质量，需要灌水，因此，果园附近应有充足的深井水或河流水库等清洁水源，能够及时灌水，以满足苹果不同生长时期对土壤水分的需要。严禁使用污水或已被有害物质污染的地表水。目前生产上还是以大水漫灌的灌水方式为主，造成水资源的极大浪费，今后需要大力推广抗旱栽培和节水灌溉技术。

第二节　园 地 规 划

苹果园的园地选定以后，就要对园地进行全面、合理的规划设计。要本着"因地制宜，节约用地，合理用地，便于管理，园貌整齐，面向长远，提高效率"的原则，安排好栽植小区、道路系统、排灌系统、防风系统、果品包装储藏场所和办公室等其他

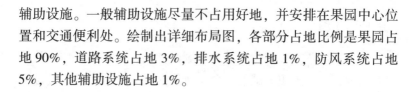

辅助设施。一般辅助设施尽量不占用好地，并安排在果园中心位置和交通便利处。绘制出详细布局图，各部分占地比例是果园占地90%，道路系统占地3%，排水系统占地1%，防风系统占地5%，其他辅助设施占地1%。

一、栽植小区

为了便于果园管理，可划分为若干果园小区，果园小区又称作业区，为果园的基本生产单位。划分果园小区，将直接影响果园的经营效益和生产成本，是果园土地规划的一项重要内容。小区的大小、形状和面积，应根据地形、地热和劳动组织大小等划分。正确划分果园小区，应满足以下要求。同一小区内气候及土壤条件基本一致，以保证同一小区内管理技术内容和效果的一致性；在山地和丘陵地，要有利于防止果园水土流失，有利于发挥水土保持工程防侵蚀效益；有利于防止果园风害；有利于果园的运输及机械化管理。

划分小区时，不宜跨过分水岭或大的沟谷。小区面积的大小，可根据地形确定。平地果园可以4~8公顷为1个小区，丘陵山地1~3公顷为1个小区或根据具体情况再缩小。而地块较小，以农户家庭为单位栽植时可不划分小区。平地、滩地和5°以下缓坡地，栽植行向应以南北向为宜。6°以上的坡地，栽植行沿梯田走向或沿等高线延长。

二、道路系统

具有一定规模的园地，必须合理地规划建设道路系统。在道路的布局上，要求运输方便，布局合理，运输距离短，造价低，并与小区规划、排灌系统、防风系统、辅助设施等规划布局相协调。一般果园的道路系统由主路、支路和小路组成。主路贯穿全园，位置适中，并与园外道路相通；支路为小区分界线，多与主路垂直；小路为作业道路。山地果园，主路可以盘山而上或呈"之"字形上山；支路多沿等高线设置于山腰或山脚，坡度不超过12°；小路可以在果树行间，也可以在梯田埂，并且要与支路或主路相通而构成路网。各级路面宽度以方便运输、作业和节约用地为原则，大多数果园主路宽4~6米，支路宽3~4米，小路宽1~2米。

三、排灌系统

(一) 灌水系统

灌水系统由灌水池、干渠、支渠组成。干渠、支渠应设在果园高处。山地果园干渠应设在沿等高线走向的上坡；滩地、平地干渠可设在干路的一边，支渠可设在小区道路的一侧。渠底比降：干渠为1:1 000左右，支渠3:1 000左右。为保证及时、充分供水，平地果园每6公顷配一眼井；洼地果园要修涝和旱井蓄水；山地果园要修梯田蓄水，临河果园要修渠引水到园。

(二) 排水系统

排水系统由排水干沟、排水支沟和排水沟组成，分别配于全园、区间和小区内。一般排水沟深80~100厘米，宽2~3米；排水支沟较排水干沟浅些、窄些；排水沟深50~100厘米，上宽80~150厘米，底宽30~50厘米。各级排水沟相互连通，以便顺畅排水出园。经济条件好的果园，可建立现代化灌溉设施，如喷灌、滴灌、渗灌等，相比传统的漫灌、沟灌，既省水，又能维持土壤结构，增产、增质效果好。近年，许多果区多有应用，灌溉面积不断扩大。

四、防风系统

可调节果园生态气候，减弱风力，减轻霜冻，为果树的生长发育、开花结果创造良好的生态环境。防风系统由主林带和副林带组成。主林带建在迎风面，与当地的主风向相垂直。副林带是主林带的辅助林带，与主林带相垂直。防护林带最佳防护范围为树高的15~20倍，一般主林带之间距离为200~400米，副林带之间距离为500~1 000米。主林带一般由4~8行乔木和4行灌木组成，副林带由2~4行乔木和2~4行灌木组成，乔木株行距多为（1~1.5）米×（2~2.5）米，灌木为0.5米×1米。一般林带密度为以透风30%左右为宜。

防风系统所用树种应为树体高大，生长迅速，树冠较窄，枝叶繁茂，适应当地条件，与果树没有共同的病虫害且经济价值高的乡土树种。平原果园可选用臭椿、苦楝、白蜡树、楸树、紫穗槐、柽柳等。山地果园可选用楸树、紫穗槐、花椒、皂角等。

五、辅助设施

辅助设施包括办公室、仓库、储存库、包装场、药池、农机具、库房等，建与不建以及所占面积，应根据果园大小和经济实力而定。一般办公室、仓库、农机具、库房应建在主路的旁边，储存库、包装场应建在交通便利的低处，药池应建在离水源较近、不影响周边生态环境的安全处。山地果园的畜圈、禽场应设在便于肥料运输的高处。

第三节　苹果园土壤的改良

苹果在生长发育过程中，必须从土壤中吸收大量的营养元素和水分，才能满足树体生长、开花结果和果实发育的需要。但我国的果树发展原则是不与粮棉争地，果园多建在土壤瘠薄的盐碱地、沙荒滩地和山坡丘陵地上。因此，为了实现苹果的高产、优质和可持续性发展，在建园以前必须做好土壤改良工作。

一、丰产果园土壤要求

（一）活土层厚

具有厚度在 60 厘米以上的活土层。

（二）质地优良

土壤疏松，砾石度在 20% 左右，通气、透水性好；土壤有30% 的黏粒保存养分，保水、保肥、供水、供肥能力强。

（三）肥力充足

土壤有机质含量高，其他养分种类全面、数量充分、配伍良好且便于果树根系及时吸收利用。果园土壤有机质是保持提高果园综合生产能力和生产可持续发展的基础，但很多果园土壤有机养分含量和投入比例相对较低，而且地区间、农户间差别也较大，加之偏施化肥，导致果园土壤有机质含量低下，土壤质量下降，结构被破坏，微生物区系不合理，土壤生物活性降低，造成树势弱，产量不稳定。

二、土壤改良与管理原则

（一）增施有机肥，以"稳"为核心

土壤改良的核心是增加土壤水、肥、气、热因子和微生物的稳定性，有机质是土壤中的稳定因素，因此，各类果园都需要增施有机肥，以提高土壤保水、保肥和调节水汽的能力。

（二）以局部改良为主，逐渐实现全园改良

果园一次性实现全园土壤改良一般是不现实的。因此，果园应以局部改良为主，以后施肥时沟穴采取每年换位，即可逐渐实现全园改良。

（三）养好表层及中层，通透下层

表层根是根系的主要活动区域，要实现早果、丰产、优质，

必须养好表层根。采取传统清耕休闲制度管理的果园，因土表裸露，表层土壤通气性好，养分释放快，有效养分含量较下层高，但水分、温度条件不稳定，尤其在山沙、薄地更为明显。

为了稳定和维持果树生长势，在养好表层根的前提下，还应注意对20~40厘米深的中层土的改良。在养好表层及中层的同时，还应打破障碍层，通透下层，使下层根系不会受到窒息危害。

三、不同类型的土壤改良

（一）盐碱地改良

苹果的耐盐能力较差，当土壤中总盐量超过0.3%时，苹果树根系生长不良，叶片黄化甚至白化，发生缺素症，树体易早衰，经济寿命缩短，产量低，品质差，经济效益下降。因此，在盐碱地栽植苹果树时必须进行土壤改良。具体改良措施如下。

1. 引淡水洗盐

引淡水洗盐是改良盐碱地的主要措施之一。经引淡水洗盐后，一般能使含盐高达1%的盐碱地含盐量下降到0.13%左右。方法是在果园顺行间每隔20~30米挖1道排水沟，一般沟深1米，上宽1.5米、底宽0.5~1米。排水沟与较大较深的排水支渠及排水干渠相连，各种渠道要有一定的比降，以利于排水通畅，使盐碱排出园外。园内要定期引淡水进行灌溉，达到灌水洗盐的目的。在达到要求的含盐量后，始终保持畅通的排水通道，进一步降低地下水位。坚持长期灌淡水压碱，并结合生长季进行勤中耕，切断土壤毛细管，减少土壤蒸发，防止盐碱上升。结合增施有机肥，增加土壤有机质含量，改良土壤结构，恢复和提高土壤肥力，效果更好。

引淡水洗盐对改良盐碱地速度快且效果良好，但是用水量较大，浪费淡水资源较多，因此，可以采用地上或地下滴灌或渗灌的节水方法，从而达到既节水又洗盐的良好效果。

2. 放淤改良盐碱地

放淤适用于我国黄河中下游和海河中下游等靠近河水的地区。放淤即将含有泥沙的河水通过灌渠系统输入事先筑好畦埂的地块，用降低流速的方法，使泥沙沉降下来，淤垫土地。通过淤灌降低土壤含盐量，提高土壤肥力，改善土壤物理性质，抬高地面，降低地下水位，从而达到治理盐碱的目的。为确保输水输沙，要选在河流水量充沛、含沙量大的季节，并要求输水路径最短，有适当的纵坡和地块平坦。地块表面积水深度以达到田埂的2/3为宜。

3. 深耕施有机肥

有机肥除含苹果所需的营养物质外，还含有对盐碱地有中和作用的有机酸。同时，肥料中的有机质可改良土壤理化性状，促进团粒结构的形成，提高土壤肥力，减少蒸发，防止返碱。据报道，深耕30厘米，增施大量有机肥，可明显减轻盐碱危害。

4. 种植绿肥作物

种植绿肥作物可增加土壤有机质含量，改善土壤理化性状。同时，绿肥作物的枝叶对地面具有覆盖作用，可减少土壤蒸发，抑制盐碱上升。据试验得出结论，种植较抗盐碱的田菁1年后，在0~30厘米以上的土层中，盐分含量由0.65%降至0.36%。

5. 地面覆盖

地面铺沙、盖草或其他物质，可防止盐碱度上升。据报道，于干旱季节在盐碱地上铺10~15厘米的沙土或覆盖15~20厘米的杂草，既能保持土壤墒情，又能防止盐碱度上升。此外，近年来运用土壤结构改良剂改善土壤理化性状及生物活性，也能保护苹果树的根系层，防止水土流失，提高土壤的透水性，减少地面径流，防止渗漏，起到调节土壤酸碱度的作用。

（二）沙荒地改良

沙荒地多属石砾性土壤，常因风蚀严重，土壤缺乏有机质，比较瘠薄，保水保肥能力差，漏水漏肥严重，肥水供应不稳定，导致树势衰弱，产量低、品质差。只有设法改良土壤结构，增加土壤有机质，提高地力，才能促进根系生长，加深根系分布，使树体生长旺盛，达到高产、优质的目的。

1. 压土改良

适用于在沙层下部无土层的沙荒地。一般常采用黏土压沙和大量增施有机肥相结合的方法。即在压黏土的同时施入大量农家肥料，结合翻耕，使土、肥与沙充分混合。压土厚度要适宜，过薄起不到压沙作用，过厚劳动强度大，不宜及时完成，一般以5~15厘米为宜。

2. 深翻改良

适用于沙层下部有黄土层或黏土层的沙荒地。具体方法是通过挖沟将沙层下的黄土或黏土翻到土壤表层，充分风化后，施入有机肥并与沙土混合，从而达到改良的目的。深翻分2步进行，第一步进行"大翻"，将沙层以下的黄土或黏土通过挖沟翻到土壤表层；第二步进行"小翻"，即待翻到表层的土壤充分风化后，再与沙子充分混合。一般深翻过程需要持续2~3年才能达到理想的改良效果。

此外，通过引洪漫沙、营造防风林固沙、种植绿肥作物、提高土壤有机质含量等，均可起到改良沙荒地的作用。

（三）山坡、丘陵地改良

在山坡、丘陵地栽植苹果树时，因其光照充足，空气流畅，昼夜温差大，紫外线强，有利于提高果品质量。但由于地势起伏较大，石头多，土壤薄，有机质含量少，地下水位低，根系分布浅，易遭受冻害和干旱等危害。降水量大时，水土流失严重，苹果树根系裸露，树势衰弱，结果少，产量低，果实品质下降。因此，必须改良土壤结构，防止水土流失，增加土层厚度，为苹果树的生长发育创造适宜的环境条件，即可将荒山秃岭改变成优质高产、硕果累累的苹果园。

1. 修筑水平梯田改良土壤

水平梯田有利于缩小集流面积，减少地表径流，保持水土，增厚土层，提高肥力。一般修筑比较完善的梯田应该是梯田宽5米以上，梯壁厚度控制在3.5米以下，牢固安全，内向倾斜60°~70°；梯田长度不小于20米；梯田面外高内低（即果农俗称的"外撅嘴，内流水"）。实行竹节沟、储水坝与排水簸箕三配套，以便降水少时积于梯田，降水多时顺沟排出，从而达到保土、蓄水、保肥的目的。

2. 客土改良土壤

根据地形、坡度、土质等情况，如遇到磐石、卵石、酥石层或黏土层，应采用开大沟、挖大坑，炸药爆破炸碎磐石、酥石层和黏土层的方法，清除石块，换上好土并加施农家肥填平土坑，为果树生长和果实发育创造良好环境。

3. 片麻岩类型山地改良

基质为片麻岩的山坡、丘陵地，土质结构比较疏松，岩石风化与半风化的酥石层较厚，一般在50厘米左右；土壤多为褐土，土层较薄，有时只有10~20厘米，并多砾质。因此，在发展苹果树时，要经过细致的整地和土壤改良，才能保证苹果树的高产优质。

整地时，小于15°的坡地可修造梯田，间隔坡5~6米，清出1条宽2米的水平表土带；在20°左右的坡面上修水平沟，间隔坡4~5米，清出1条宽0.6~0.9米的水平表土带；坡度大于25°

的坡面，可进行鱼鳞坑和大穴整地，距离3米×3米，清除1~1.4米的表土，将表土放在坡上部备用。然后，在露出的岩石上钻深80~100厘米的炮眼，添炸药爆破，随后将大石块砌在梯田、水平沟、鱼鳞坑外沿，细碎母质留在下面，再回填表土并耙平备用。

4. 石灰岩类型山坡、丘陵地水土保持和土壤改良

在山坡丘陵地上沿等高线修成田面水平或向内侧微倾的台阶地，并在其边缘筑1道蓄水田埂，内侧修1条小水沟便成为梯田。规划时，要根据地形、坡度、土质等具体情况，以方便苹果树管理，以节省用工、保证田埂安全为原则，上下左右兼顾，采取大弯就势、小弯取直的方法，尽量开成集中成片的梯田。长形坡岭可以规划成长条形梯田，圆形坡岭可以规划成环山梯田，岗洼起伏地形可规划成"人"字形梯田。山顶宜营造防护林而不宜修成梯田。

在修造梯田时，田面宽、田坎高和田坎侧坡是水平梯田的3个主要要素，一般5°的坡面，田面宽10~25米；10°的坡面，田面宽5~15米；15°的坡面，田面宽5~10米；20°~25°的坡面，田面宽3~6米。田坎高度随田面宽度和地面坡度不同而异，田坎越高，则侧坡占地越多，用工也越多，且不稳固。所以，田坎高度宜控制在3.5米以下。田坎侧坡坡度大小与所用材料和高度有关。用石料砌筑，坡度可以大于75°，大块石料可砌成90°以节省土地。土料砌筑时，一般坡度在70°左右。

第三章　苹果树的定植与管理

第一节　品种配置

一、配置原则

苹果存在自花不实现象，即同一品种内的自花授粉往往结果率很低，无法满足生产需求。而异花授粉则可以显著提高结实率，这对保证苹果丰产至关重要。因此，在建园时，除了确定主栽品种外，选配适宜的授粉品种也是一项十分关键的任务。

（一）品种数量配置

在同一果园内，栽植品种数量不宜过多，面积 10 公顷以上的果园宜栽植 3~4 个品种，而面积较小以农村家庭为单位建园时栽植 2~3 个品种为宜，以利于劳动力的安排和生产管理。

（二）品种类型配置

为了使将来成园后，园貌整齐一致，便于采用相同的管理方法，在同一园区内，应注意配置砧+穗组合综合生长势和树冠大小相近的品种，如普通型+矮砧组合的园内，可栽乔砧+矮枝型组合或矮化中间砧+普通型组合品种。

（三）成熟期配置

根据市场需求，进行早熟、中熟和晚熟品种适当配置。距离城区较近时可多栽植成熟期较早、不耐储运的品种。远离城市的地区则应多栽植耐储运、货架期长的品种，以便于同时或先后相继进行采收，管理较为方便。

（四）授粉树配置

苹果自花结实率很低，建园栽树时必须2个品种以上相互搭配，以利授粉。若主栽品种为三倍体（如红乔纳金）时，因其花粉败育率高，还需配置2个或2个以上授粉品种，一般要求授粉树距主栽品种树不超过30米。1株授粉树能为其周围4~5株主栽品种授粉，配置比例以1:（4~5）为宜。良好的授粉树应具备的条件是对当地的生态条件有较强的适应性，与主栽品种管理措施相似；开始结果年龄和花期与主栽品种基本一致，经济寿命长，大小年结果现象不明显；花粉量大，能与主栽品种相互授粉结实良好，果实品质好，商品价值高。主要品种的授粉组合如表3-1所示。

表3-1　苹果主要品种的授粉组合

主栽品种	适宜的授粉品种
元帅系	富士系、津轻、嘎拉、千秋、金冠系、绿光、烟青
富士系	金冠系、元帅系、王林、津轻、世界一号、千秋
乔纳金、新乔纳金	王林、富士系、元帅系、嘎拉、金冠、绿光
津轻	元帅系、世界一号、嘎拉、金冠
王林	元帅系、富士系、嘎拉、千秋、金冠
陆奥	元帅系、津经、千秋
嘎拉	绿光、元帅系、烟青、金晕
千秋	富士、津轻、世界一号、嘎拉、金冠
世界一号	富士、王林、嘎拉、千秋、金冠、绿光

二、配置方法

（一）中心式

常用于一个品种多，另一个品种极少，呈正方形栽植的小型果园。一般是在 1 株树周围栽植 8 株主栽品种树，主栽品种树株数占果园苹果树总株数的 90% 左右。

（二）少量式

适用于较大型果园，副栽树较少，为便于管理，按果园小区方向成行栽植。一般每隔 4~5 行主栽品种树，栽 1 行副栽品种树，主栽品种树株数占果园总株的 80% 左右。

（三）等量式

2 个品种间不分主次，一个品种栽植 2~3 行后，再栽另一个品种树 2~3 行，使其有利于田间管理，2 种树的株数各占全园总株数的 50%。

（四）复合式

在同一园区栽植 3 个不分主次的品种时，一般每个品种树栽植 1~2 行，3 个品种树相间排列，每个品种树占全果园总株数的 30% 左右。

第二节　苹果树的定植技术

一、栽前准备

（一）标行定点

定植前，根据规划的栽植方式和株行距，进行测量，标定树行和定植点，按点栽植。平地果园，应按区测量，先在小区内按方形四角定 4 个基点及 1 个闭合的基线，以此基线为准测定闭合在线内外的各个定植点。

山地和地形较复杂的坡地，按等高线测量，先顺坡自上而下接 1 条基准线，以行距在基准上的标准点，用水平仪逐点向左右测出等高线，坡陡处减行，坡缓处可加行，等高线上按株距标定定植点。

（二）栽植穴（沟）准备

定植穴通常直径和深度都为 80～100 厘米。定植穴的准备实际是果园土壤的局部改良，山区果农的实践体验尤其深刻，果园土壤条件越差，定植穴的大小、质量要求应越高。20 世纪 80 年代以来，密植建园多顺栽植行，挖深、宽各 1 米左右的栽植沟，对果树生长的效果比穴栽好，特别是有利于排水。平地挖穴常有积涝，效果不及挖沟者。无论挖穴或挖沟，都应将表土与心土分开堆放，有机肥与表土混合后再行植树。

定植穴挖好后，培穴、培沟时，可刨穴四周或沟两侧的土壤，使优质肥沃土集中于穴内并把穴（沟）的陡壁变成缓坡外延，以利于根系扩展；尽量把耕作层的土回填到根际周围，并结合施入的有机肥，最好重点改良 20～40 厘米幼树根系集中分布的土层，太深难以发挥肥效。

（三）苗木准备

良种壮苗是建立高标准果园的基础条件。自育或购入的苗木均应于栽植前进行品种核对、登记、挂牌。发现差错应及时纠正，以免造成品种混杂和栽植混乱。还应进行苗木的质量检查与分级，合格的苗木应该具有根系完好、健壮、枝粗节间短、芽子饱满、皮色光亮、无检疫病虫害等条件，并达到国家或部颁标准规定的指标。

苗木栽前再进行 1 次检查，剔除弱苗、病苗、杂苗、受冻苗、风干苗，剪除根蘗、断伤的枝、根、枯桩等，并喷 1 次 5 波美度石硫合剂消毒。对远处运来稍有失水的苗木，应放在流动的清水里浸 4~24 小时再栽植。

（四）肥料准备

为了改良土壤，应将大量优质有机肥运到果园，可按每株 100~200 千克，每亩 5~10 吨的数量，分别堆放。

二、栽植时间

秋季落叶以后到春季萌芽以前栽植均可，实际生产上以春栽为主。

（一）早秋栽

北方果区，秋季多雨，在 9 月中旬至 10 月上旬栽植。抢墒带叶栽植是西北黄土高原果区的一条成功经验，由于栽时封墒情况好，根系恢复快，栽植成活率高，翌年基本不缓苗，生长较旺。采用这种栽法必须就地育苗，就近栽植，多带土、不摘叶，趁雨前随挖随栽，成活率更高。

（二）秋栽

土壤结冰前栽植，栽后根系得到一定的恢复，翌年春天发芽早、新梢生长旺，成活率高。在冬季干冷地区，要灌透水，后按倒苗干，埋土越冬比较安全。否则不如春栽。

（三）春栽

春季土壤解冻后，树苗发芽前栽，虽然发芽晚，缓苗期长，但可减少秋栽的越冬伤害，保存率及成活率高。

三、栽植方法

（一）栽植密度

苹果的栽植密度受品种砧木类型、树形、土壤、地势、气候条件和管理水平等因素的制约。栽植密度是影响果品质量的重要因素之一。苹果合理的栽植密度既要保证充分地利用土地资源，又要保证树体充分采光。

结合多年苹果栽培经验，乔砧苹果的栽培密度，在低海拔、肥水条件好、土层深厚而肥沃的平地或山地，株行距以 4 米×6 米或 3 米×5 米、每亩栽植 27.8~44.4 株为宜；在高海拔、肥水条件较差、土层瘠薄的山坡丘陵地，可采用 3 米×4.5 米或 3 米× 4 米，每亩栽植 41.6~55.5 株。矮化砧苹果适宜在肥水条件好、土质肥沃的平地或山坡丘陵地栽培，其密度一般为 2 米×3 米或 2 米×4 米，每亩栽植 83.4~111 株。短枝型苹果栽植密度，根据砧木种类有所不同，采用乔化砧木，栽植密度宜用 3 米×5 米或 3 米×4 米，每亩栽植 44.4~55.5 株；采用矮化砧木时宜用 1.5 米× 3 米或 2 米×4 米，每亩栽植 83.4~148.2 株。

（二）栽植方式

栽植方式决定果树群体及叶幕层在果园中的配置形式，对经济利用土地和田间管理有重要影响。在确定了栽植密度的前提下，可结合当地自然条件和果树的生物学特性决定。常用栽植方式有以下几种。

1. 长方形栽植

这是我国广泛运用的一种栽植方式。特点是行距大于株距，通风透光良好，便于机械管理和采收。

2. 正方形栽植

这种栽植方式的特点是株距和行距相等，通风透光良好，管理方便。若用于密植，树冠易郁闭，光照较差，间作不便，应用较少。

3. 三角形栽植

三角形栽植方式的特点是株距大于行距，2 行植株之间互相错开而成三角形排列，俗称"错窝子"或梅花形。这种方式可提高单位面积上的株数，比正方形多栽 11.6% 的植株。但是由于行距小，不便于管理和机械作业，应用较少。

4. 带状栽植

带状栽植即宽窄行栽植。带内由较窄行距的 2~4 行树组成，实行行距较小的长方形栽植。两带之间的宽行距（带距），为带内小行距的 2~4 倍，具体宽度视通过机械的幅度及带间土地利用需要而定。带内较密，可增强果树群体的抗逆性（如防风、抗旱等）。如带距过宽，可能减少单位面积内的栽植株数。

5. 等高栽植

适用于坡地和修筑有梯田或撩壕的果园。实际是长方形栽植在坡地果园中的应用。

6. 篱壁式栽植

这种栽植方式最适宜机械作业和采收。由于行间较宽，足够机器在行间运行，株间较密，成树篱状，也是适于机械化管理的长方形栽植形式。

（三）栽植技术

将苗木放进挖好的栽植坑之前，先将混好肥料的表土，填一半进坑内，堆成丘状，取计划栽植品种苗木放入坑内，使根系均匀舒展地分布于表土与肥料混堆的丘上，同时校正栽植的位置，使株行之间尽可能整齐对正，并使苗木主干保持垂直。然后，将另一半混肥的表土分层填入坑中，每填 1 层都要压实，并不时将苗木轻轻上下提动，使根系与土壤密接后，将心土填入坑内上层。在进行深耕并施用有机肥改土的果园，最后培土应高于原地面 5~10 厘米，且根茎应高于培土面 5 厘米，以保证松土踏实下陷后，根茎仍高于地面。最后在苗木树盘四周筑一环形土埂，并立即灌水。

第三节 定植后的日常管理

栽后 2~3 年内的管理水平，对园貌整齐和早结果、早丰产非常重要。

一、定干与树干套膜

幼树定植后，应按整形要求及时定干。定干高度一般为 80~100 厘米；对萌发成枝力低的品种，定干时在剪口下 20 厘米、10 厘米左右的东南、西南方向各刻 1 个芽，抠去剪口下第二芽，使第三芽在正北方向，这样当年可培育成 3 个理想的主枝。定干、刻芽后随即在树干上套上塑膜袋或缠塑膜带绑草保护。目前生产中多采用纺锤形整枝的苹果园，多不进行定干。

二、追肥灌水与树盘覆盖

定植当年，发芽前要追施 1 次速效性氮肥（尿素或磷酸二铵 50~100 克）。追肥后立即灌水、整平，划锄树盘，每树盘覆盖 1 米^{2}地膜。5 月底至 6 月初，用带尖的木棍，在离树干 30 厘米左右处，于不同方位将地膜捅 3~4 个深 10 厘米的洞，每洞内施入尿素 50 克左右，或 100 克果树专用肥。然后用泥土把孔洞封住。追肥后，在地膜上再浇 1 次水，水随孔洞下渗。6 月中下旬，用麦秸覆盖树盘。8 月追 1 次肥，全年不揭地膜，秋季不再追肥、灌水。翌年早春，揭去残膜，将草翻入树盘，追肥、灌水，进行常规管理。

三、抹芽与疏梢

4 月下旬，套袋的枝干发芽展叶后，要剪开塑料袋一角放风，以免嫩叶日灼，10 天后，将塑料袋顶部完全剪开，并开口到 1/2 处，向下翻卷到树干下部，原绑绳不解，喇叭口朝下，防止害虫上树危害。6—9 月，每隔 20 天左右检查 1 遍新梢生长情况，调整方位、角度和长势，在尽量保留梢叶的前提下，适量疏除过密新梢。

四、补栽和间作

建园时应预留一部分苗木假植园内，翌春以此大苗补植，保证品种一致、大小整齐。间作以豆科作物为主，留出足够的树盘，不间作高秆作物，有水浇条件的果园提倡间作绿肥。

第四章 苹果园的土肥水管理

第一节 苹果园的土壤管理

一、改土养根的重要性

苹果树是通过根把土壤和树体紧密联系在一起。土壤作为载体，通过根系，不仅把树牢牢地固定在土地上，同时土壤含有大量的矿物质元素和水，为树体的生长发育提供必需的养分和水分。不同质地的土壤，由于理化性状、养分、水分及供肥水平的不同，对苹果树带来不同的生长发育表现（茂盛、衰弱）。发育良好的苹果树，一般都是生长在有良好条件的土壤上，同时还可以看出，定植在优良土壤（家生的，或者改良的土壤）上的苹果树长势旺、发育快、早结果、早丰收、质量好、效益高，这就充分说明了土壤与果树生长发育的密切关系。

苹果树根系生长发育要求把土壤改造成活土层深，肥力高，土质疏松，保水能力强，温差缓稳的环境条件，为苹果树根系活动提供自由空间。

二、深翻与免耕

深翻适用于新建果园，按照一定的深度，对土壤进行全面翻动，加深活土层，打通障碍层，提高通气性，为根系伸展开辟顺畅通道。免耕适用于老果园，树大根密，不便深翻，可给地面喷施免深耕土壤调理剂，1年使用1次，使土壤疏松土层达40~50厘米，在不伤根的情况下，起到与深翻相同的效果，可以替代果园土壤深翻，解决了深翻和不深翻的争议问题。免深耕土壤调理剂可打破土壤板结，疏松土壤、改良土壤结构。

三、增施有机肥

我国多数苹果园分布在山地、丘陵地和沙滩地，存在土层薄、养分不均衡、有机质含量低、透气性差和保水保肥能力弱等不利于果树生长和优质丰产的因素，通过施用有机肥，既可提供果树必需的氮、磷、钾、钙、镁、锌、硼、铁等，更重要的是还可提高果园土壤有机质含量、增强土壤透气性，提高果园土壤保肥、供肥的能力，促进根系生长发育，为化肥的高效利用提供保证。提高果园土壤有机质与腐殖酸的办法较多，主要是向果园大量施入腐熟的猪、鸡、人粪尿等有机肥和沼渣、沤肥、堆肥等，还有如落叶、作物秸秆、杂草等深埋地下均可。

有机肥主要包括农家肥、生物有机肥、豆饼、鱼腥肥等。有机肥用量采用斤果斤肥的原则，生物有机肥、豆饼、鱼腥肥等可以减少1/3或1/2。有机肥的施肥时期以秋季即中熟品种采收后、晚熟品种采收前为最佳，一般为9月下旬至10月上旬，每亩施有机肥3 000~4 000千克。

四、覆盖和生草免耕制

果园覆草可有效减少水分蒸发，拦蓄降雪，起到保水防旱的作用；可保持土温稳定，减少水土流失，稳定根层土壤环境；覆草还可显著增加土壤有机质含量。覆盖前要先整好树盘，浇1遍水，施1次速效氮肥，防止叶片发黄。

（一） 果园覆草

果园覆草是将适量的作物秸秆、杂草等覆盖在果树周围的裸露土壤上。这项技术可以增加土壤有机质、保持土壤水分、提高果树根系活力、改善果园小气候、疏松土壤，从而提高果园的经济效益和水果的质量。

覆草适用于山丘地、沙土地，土层薄的地块效果尤其明显，但黏土地覆草由于易使果园土壤积水、引起旺长或烂根，不宜进行。冬季较冷地区深秋覆草一次，可保护根系安全越冬。覆草果园要注意防火。风大地区可零星在草上压土、石块、木棒等防止草被大风吹走。

（二） 树盘覆膜

树盘覆膜是一种农业技术，主要是将不透水的地膜覆盖在树木根系周围的土壤上。这种做法可以使根系周围的地表及土壤形成一个小环境，有助于存蓄雨水、减少蒸发、维持一定的土壤湿度和温度，从而为植物生长创造良好的条件。此项技术适宜土壤瘠薄、干旱，又无草原的山区。

（三） 果园生草

生草栽培即在果树行间树盘外的区域播种草本植物、防止土壤暴露的土壤管理方法，所选草类以禾本科、豆科为宜。生草栽培在贫瘠、土层深、易水土流失的园区效果好。果园生草或生草后刈割覆盖地面，能缓和降雨对土壤的直接侵蚀和水土流失；在夏季可有效降低土壤的表层温度，提高近地表和冠层的相对湿度。草的残体在土壤中降解、转化，可形成腐殖质，提高土壤中的有机质含量，改善土壤物理性状。果园生草可人工种植，也可自然生草后人工管理。

果园人工种草一般选择黑麦草、羊茅、苜蓿、三叶草、沙打旺等。自然生草对自由生长的杂草进行人工调整，及时拔除豚草、飞蓬等有害杂草，保留下的草旺盛生长后进行刈割等人工管理。不论人工种草还是自然生草，在草旺盛生长季节都要刈割2~3次，割后保留10厘米高，将割下的草覆于树盘下。

（四）平原黏土地起垄

平原黏地土壤通透性差，早春低温回升慢，影响根系活动；雨季容易积水，导致根系窒息，引起早期落叶，影响植株生长发育。起垄后增加了水分散失的面积，垄在地平面以上，土壤不板结，透气性大幅度提高。新建果园沿定植行线将行间的表土沿行向培成垄栽植，垄为弧形，高20~50厘米，底宽1.5~2.0米；起垄后提倡滴灌给水，沿每行铺设一条管，盖黑地膜防草。如果没有滴灌条件，可以靠近垄边挖沟进行沟灌。秋季施土杂肥时将垄挖开，按照常规施肥方法施入后再将垄修整好即可。

五、幼龄果园合理间作

果园在幼龄期，相邻树冠间枝条没有交叉，可在行间间作其他作物，以提高土地利用率，增加早期效益。不应间作玉米、高粱等生长量大，占据空间量大，与果树争肥水，并严重影响果树通风透光的高秆作物，应间作低秆作物，并且间作时必须给果树留出足够的营养空间，幼树干周1米内不得种植间作物。果园不宜间作大白菜、萝卜等秋菜，以免加重大青叶蝉危害，秋菜大量灌水施肥也引起果树贪青，影响安全越冬。

间作物选择的原则是矮秆、浅根、生育期短、需肥水较少，并且主要需肥水期与果树生长发育的关键时期错开，不与果树共有危险性病虫害或互为中间寄主。具体的可选择以下作物：绿肥作物是最理想的，如黑麦草；其次是矮秆的豆科作物，它可以提高土壤中氮素含量，如各种豆类、苜蓿、花生等；也可种植中草药，如丹参、桔梗、龙胆草等。

第二节　苹果园的施肥管理

一、吸肥特点

苹果主要依靠根系吸收各种矿质元素，枝叶虽然也有吸收能力，但吸收数量较少。苹果幼嫩根系吸收能力强，随着组织老化，吸收能力降低。因此，加强土壤管理，改善土壤环境，促进根系生长，经常维持足够的新根发生是提高树体矿质营养水平的关键。各种元素是以离子状态被根系吸收，吸收方式有两种：一是扩散作用，当土壤溶液中某种离子浓度大于根系细胞液内的浓度时，离子以扩散方式进树体；二是离子交换，根系在呼吸过程中产生二氧化碳，溶于水离解成离子，吸附在根系表面，这些离子与土壤溶液中的矿质营养元素离子发生交换，或在根毛与土粒直接接触时同土粒吸附的离子发生交换，通过交换，矿质元素进入树体。

土壤水分是养分转化、溶解、移动和吸收利用的必要条件。土壤水分不足，再多的矿质元素也难被根系吸收，甚至还会造成肥害。水分过多或土壤板结，造成通气不良，影响根系吸收。根系对养分的吸收还随土壤温度增高而增加，但土温过高或过低都会阻碍吸收。土壤酸碱度影响土壤中矿质元素存在的形式，从而影响吸收。如 pH 值过高，影响根系对铁、锌等元素的吸收，容易出现缺铁和缺锌症状。

氮、磷、钾是对树体营养状况影响较大的矿质元素，因此，了解其吸收规律、特点尤为重要。氮的吸收，春季随着树体生长的开始，吸收氮的数量迅速增加，在 6 月中旬前后达到高峰，此后吸收量迅速下降，直至果实采收前后又有回升。磷的吸收，在年生长初期，也是随着生长的加强而增加，并迅速达到吸收盛期，此后一直保持在盛期的吸收水平，到生长后期也无明显的变化。钾的吸收，在苹果的生长前期急剧增加，至果实迅速膨大的8月，达到吸收高峰，此后吸收量急剧下降，直到生长季结束。总之，苹果树年周期发育过程中，前期是以吸收氮为主，中后期以吸收钾为主，磷的吸收全年比较平稳。

根据苹果树体对主要矿质营养元素的吸收特性，在以利用当年同化养分为主的阶段合理施肥，就能通过对生长节奏的调节，促进同化养分的制造、积累，改善其分配利用状况，达到优质产品的目的。

二、肥料种类

通常将苹果园中施用的肥料种类分为2大类，即有机肥料和无机肥料。具体细分为有机肥料、微生物肥料、化学肥料和叶面肥料等。苹果园所施用的肥料应为农业行政主管部门登记的肥料或免于登记的肥料。施肥原则以有机肥为主，化肥为辅，推广配方施肥，合理施用钙、镁、硼、锌、硅等肥料，限制使用含氯化肥，保持或增加土壤肥力及土壤微生物活性，同时所使用的肥料不应对果园环境和果实品质产生不良影响。

（一）有机肥料

有机肥俗称农家肥，包括各种堆肥、厩肥、人粪肥、禽肥、饼肥、作物秸秆肥、动物残体肥、绿肥、沼气肥、腐殖酸肥、城市生活垃圾经无害化处理加工而成的肥料等。其中除沼气肥、绿肥外，其他肥料均需经过堆沤，充分腐熟后才能施用，且有害元素不得超标。

有机肥的优点：营养元素丰富、全面，并且能使一些元素由难溶态变成可给态，能够持久、稳定地供给果树多种养分，是任何化学肥料不具备的；能够改善土壤各种性质，促进微生物活性，活化养分，提高土壤腐殖质含量，促进团粒结构形成，改良土壤，为果树生长发育创造良好的生长环境；能够通过微生物降解、有机质螯合固定等方法缓解有害物质的毒害，减少果树对重金属的吸收；能够健壮树势，增强树体抗性，减少化肥、农药用量。

（二）微生物肥料

微生物肥包括微生物制剂和微生物处理肥料等（如生物钾肥）。我国目前常用的微生物肥料有固氮菌肥、磷细菌肥、硅酸盐细菌肥等复合微生物肥料。

微生物肥的优点：起特定作用的是微生物，其生物活性及其产物可以改良土壤结构和理化性状，改良果树的营养条件，刺激果树的生长发育，提高果树的抗病和抗逆能力，并且微生物肥料不含化学物质，对环境没有污染，其产出果品形美质优，无公害，对人体安全。

（三）化学肥料

使用化学方法或物理方法生产的肥料，包括氮肥、磷肥、钾肥、硫肥及复（混）肥等，如尿素、碳酸氢铵、磷酸二铵、过磷酸钙、硫酸钾、硝酸钙等。

化学肥料的优点：速效性好，一般为水溶性或弱酸性，施用后可立即溶解，或在短期内转化为水溶性肥，存在于土壤溶液中，能快而及时地被果树吸收利用。配合施用的附加效应，2种或2种以上的化肥通过混配组合后，可以防止养分损失，改变肥料的不良物理性状和促进营养平衡，并使肥效和利用率均高于混肥前的单一肥料。有机肥和化肥配合施用具有互补性，在苹果的年生长周期中仅施用有机肥一般不易按生育特点和需肥规律及时供给养分，如采用化肥和有机肥配合施用就可取长补短和缓急相济，达到满足各生育期需求的目的。

(四) 叶面肥料

叶面肥料包括氮、磷、钾等大量元素类肥料及微量元素类肥料、氨基酸类肥料、腐殖酸类肥料、有益菌类肥料等，如高美施、氨基酸钙等。

叶面肥料的优点：见效快、利用率高、方法简便、用肥经济，特别是对于苹果树的缺素症和某些易被土壤固定或移动较慢的元素 (如铁、锌等)，施后 2 小时即可被果树叶片吸收利用。

果树生产中限制施用的肥料：目前，我国限制施用的肥料主要有含氯化肥和含氯复合 (混) 肥、硝态氮肥料；未经无害化处理的城市垃圾或含有金属、橡胶、塑料等有害物质的垃圾以及未经腐熟的人粪尿；国家或省级有关部门明文禁止施用的肥料和未经获准登记的肥料产品。

三、施肥量

施肥量根据土壤肥力和产量水平确定。

农家肥按照 "斤果斤肥" 的比例施用，或商品有机肥每亩施用 300~500 千克。

一般化肥按每生产 100 千克鲜果施入纯氮 0.6~1.0 千克，P_2O_5 为 0.24~0.4 千克，K_2O 为 0.66~1.1 千克。如产量为 3 000 千克的果园需要补充尿素 45~75 千克、过磷酸钙 60~100 千克和硫酸钾 40~66 千克。土壤中养分含量多的取下限，反之取上限。渤海湾苹果产区富磷贫钾，黄土高原苹果产区富钾贫磷，施肥上应注意这些特点。

缓控释肥料和微生物肥料可参考同等养分含量基础上等量或 80% 以上施用。

硅钙钾镁肥施用量根据土壤酸化和元素缺乏程度每亩施用

50~100千克，也可按每株1~3千克补充钙肥、镁肥和硅肥等单质肥料。

四、施肥方法

（一）基肥

根据苹果树的生长发育规律和多年生产实践经验，施基肥秋施好于春施，早秋施好于晚秋施和冬施；在基肥量相同时，连年施入好于隔年施入。早秋施基肥配合一定数量的速效性化肥，比单一施有机肥效果更好，如果有机肥充足时，可将化肥全年用量的1/3~1/2与有机肥配合施入，而有机肥不足时，则应将化肥全年用量的2/3作基肥施入。施肥方法以沟施或撒施为主，施肥部位在树冠正投影范围内。沟施是在树冠下距树干60~80厘米处开始向外至树冠垂直的外缘挖放射状沟或在树冠外围挖环状沟，沟深30~50厘米。撒施是将肥料撒于距树干50厘米以外的树冠下，然后浅翻入土，深度一般20厘米左右。除采用放射状沟或环状沟外，幼龄树还常用条状沟施肥，即在树冠外缘相对两面各挖1条施肥沟，沟深40厘米、宽30厘米左右，第二年改为另外相对的两面开沟施肥。无论采用何种施基肥的方法，施后均应及时灌足水。

（二）追肥

又称补肥，是在苹果树需肥急迫时及时补充，进而满足苹果树生长发育的需求。追肥应根据树龄、生长状况、栽培管理制度、外界环境条件以及苹果树一年中各物候期的需肥特点等及时施用，才能达到追肥的目的。

幼树期的追肥是以促进营养生长、加速扩大树冠为主要目的，1年内追肥2次，一般多在萌芽期和新梢旺盛生长期进行追肥，且以氮肥为主。

结果期树 1 年内追肥 4 次左右。第一次在萌芽期或花前追肥（4 月下旬至 5 月上旬），肥料种类以氮肥为主，可以促进新梢生长，提高坐果率，促进幼果的发育和花芽分化。第二次在花后追肥（5 月中下旬），应适时补充一些速效性氮肥或加少量磷、钾肥，该时期正是幼果生长与新梢旺长期，需肥较多，如供肥不及时，则会引起幼果脱落，新梢生长早期停止，不利于果实膨大和花芽分化。第三次在果实膨大和花芽分化期追肥（6 月中旬前后），肥料种类以氮、磷、钾肥配合较好，该期是追肥的主要时期，供肥充足，有利于果实发育和花芽分化。第四次是果实膨大后期（7 月中旬至 8 月中旬），肥料种类以钾肥为主，有条件的果园可配合施入磷肥，该次追肥有利于提高果实产量和品质。施肥方法有浅沟施肥、全园撒施。具体做法是根据树冠大小、追肥数量、肥料种类来决定所挖沟的形状、深浅、长短和数量，追肥沟的形状有环状、条状和放射状，深度多在 10~20 厘米，宽度为 20~30 厘米，追肥时将肥料均匀撒于沟内，并与土拌匀，然后覆土、耙平和灌水。全园撒施是当果树根系已布满全园，尤其是覆盖制、生草制的果园，在距树干 50 厘米以外处，往地面（树盘或树带内）均匀撒施肥料，然后浅耕、耙平，使肥、土混合均匀，等待降雨或灌水。

（三）根外追肥

根外追肥包括叶面喷施、枝干涂抹等，即将一定量的肥料溶于水中，直接喷洒于叶片或枝干表皮上，通过气孔和角质层吸收进入树体。根外追肥方法简便易行，用肥量少，发挥作用迅速，且不受养分分配中心的影响，可及时满足果树急需，并可避免某些元素在土壤中的淋失、固定以及元素间的拮抗作用。但根外追肥不能从根本上代替土壤施肥，只是土壤施肥的辅助措施。

根外追肥需要慎重选用肥料种类、浓度和喷施时间，以免引起肥害。喷施时间最好选择在阴天或晴天的 10 时以前、16 时以后。为了节省劳动力，尽可能与防控病虫害时的喷药相结合。

第三节　苹果园的水分管理

一、灌水

（一）灌溉时期

苹果园灌溉的最佳时期和果园灌溉的最低量是果园灌水中优先考虑的因素。我国苹果主要产区在北方半干旱地区，年降水量在 550~750 毫米，年内季节分布不合理，主要是秋末至夏初漫长的 8~9 个月降雨极少，土壤和大气干旱严重。苹果春季新梢生长初期，又值坐果期和幼果期是需水临界期，即关键需水期。

灌溉的最佳时期，如果 1 年 2 次，应当在落花后坐果期 1 次，秋末冬初 1 次（冻水）；如果 1 年灌溉 3 次，可在第一次灌溉后 4~6 周时加 1 次。春季花前和花期尽量不灌溉，以免降低地温，影响坐果。秋末冬初灌溉后，应有良好的保墒措施，尽量使这次水维持到春季还起作用。

（二）灌溉方式

适宜的水分供应是提高果品品质的基本条件，水分不足时，不仅果实小，而且果肉变粗发硬，品质显著下降。水分过多，糖分降低，酸量增高。而当旱涝不均时，常会造成裂果、日灼、水心病等生理病害，因此，要合理灌溉。应当禁止漫灌和长畦通灌，推行以下节水的地面灌溉方式。

1. 滴灌

滴灌是滴水灌溉的简称，在水源处把水过滤、加压，经过管道系统把水输至每株果树树冠下，由几个滴头将水一滴一滴、均匀而又缓慢地滴入土中。水源开启后所有滴头同时等量地滴水灌溉。这种供水方式，使果树根系周围土壤湿润，而果树株行间保持相对干燥。滴灌有许多优点：省水，是喷灌量的 1/2，是地面漫灌量的 1/3 甚至更少；不需要整地；果树生长结果好，产量高，品质优；管理省工，效率高。滴灌需要较高的物力投入，对水质要求严，这是目前大面积推广滴灌的限制因素。

2. 喷灌

喷灌即喷洒水灌溉，利用水泵和管道系统，在一定压力下把水经喷头喷洒到空中，散为细小水滴，像下雨一样地灌溉。喷灌的优点是节水，不需要整地，果实产量高、品质优，灌溉效率高；喷灌还有利于改善果园小气候。喷灌需要一次投入较高的物力，并且在多风地区灌溉效率受一定影响。喷灌按竖管上喷头的高度分有 3 种形式：第一种是喷头高于树冠的，每个喷头控制的灌溉面积较大，多用高压喷头；第二种是喷头在树冠中部，每个喷头只控制相邻 4 株树的一部分灌溉面积，用中压喷头；第三种是喷头在树冠下，1 株树要多个小喷头，每个喷头控制的灌溉面积很小，这种低喷灌又称微喷，只用低压喷头。微喷一般不受风力的影响，比中、高喷灌更省水。

（三）灌溉模式

苹果园选用的灌溉模式与种植密度及土壤质地有关。对密植果园（如行距 1 米、株距 3 米、每亩 220 株）可以用滴管、微喷带或膜下微喷带，对稀植果园（如每亩 20～50 株）可以用微喷灌或微喷带。特别是成龄果园安装灌溉设施以微喷灌最佳。拖管淋灌适合各种种植密度。在轻壤土或沙质土上由于滴灌的侧渗范围小，加上苹果的根系生长量比其他果树（如柑橘）少，会造成显著的限根效应，宜选择微喷灌。在重壤土上可以选用滴灌。如选用滴灌，对山地果园一般选用压力补偿滴灌，滴头间距 50～

70厘米，流量2~3升/时为宜，沿种植行在树下拉1条（从定植时开始安装）或2条（成龄后开始安装）滴灌管。平地果园用普通滴灌管。如选用微喷灌，一般微喷头流量在100~200升/时为宜，每株树1个微喷头，安装在2株树之间，喷洒直径1.5~2.0米。

（四）水肥一体化

水肥一体化也叫作灌溉施肥，它是将施肥与灌溉相结合的一项农业技术措施。即借助压力灌溉系统，在灌溉的同时将固体或液体肥料配兑成肥液，加入安装有过滤装置的注肥泵吸肥管内，然后将水肥一起输入作物根部土壤的一种灌溉施肥方法。

水肥一体化是基于滴灌系统发展而成的节水、节肥、高产、高效的农业工程技术，可以实现水分和养分在时间上同步，空间上耦合，在一定程度上改善了苹果生产中水肥供应不协调和耦合效应差的弊端，大大提高了水和肥的利用效率，在作物增产增效和节水节肥等方面效果显著。

喷头或滴灌头堵塞是灌溉施肥的一个重要问题，必须施用可溶性肥料。2种以上的肥料混合施用，必须防止相互间的化学作用，以免生成不溶性化合物，如硝酸镁与磷、氨肥混用会生成不溶性的磷酸铵镁。灌溉施肥用水的酸碱度以中性为宜，如碱性强的水能与磷反应生成不溶性的磷酸钙，会降低多种金属元素的有效性，严重影响施用效果。

二、排水

（一）排水时间

在果园中发生下列情况时，应进行排水。

（1）多雨季节或一次降雨过大造成果园积水成涝，应挖明沟排水。

（2）在河滩地或低洼地建果园，雨季时地下水位高于果树根系分布层，则必须设法排水。可在果园开挖深沟，把水引向园外，在此情况下，排水沟应低于地下水位，以便降低地下水位，避免根系受害。

（3）土壤黏重、渗水性差或在根系分布区下有不透水层时，由于黏土土壤孔隙小，透水性差，易积涝成害，必须做好排水设施。

（4）盐碱地果园下层土壤含盐高，会随水的上升而到达表层，若经常积水，果园地表水分不断蒸发，下层水上升补充，造成土壤次生盐渍化。因此，必须利用灌水淋洗，使含盐水向下层渗漏，汇集排出园外。

我国幅员辽阔，南北雨量差异极大，雨量分布集中的时期也各不相同，因此，需要排水的情况必然各异，一般每年7—8月多涝，是排水的主要季节。

（二）排水系统

一般平地果园的排水系统，分明沟排水与暗沟排水2种，明沟排水是在地面挖成沟渠，广泛地应用于地面和地下排水。地面浅排水沟通常用来排除地面的灌溉储水和雨水，这种排水沟排地下水的作用很小，多单纯作为退水沟或排雨水的沟，深层地下排水沟多用于排地下水并当作地面和地下排水系统的集水沟。暗管排水多用于汇集和排出地下水。在特殊情况下，也可用暗管排泄雨水或过多的地面灌溉储水。当需要汇集地下水以外的外来水时，必须采用直径较大的管子，以便排泄增加的流量并防止泥沙造成堵塞，当汇集地表水时，管子应按管径流进行设计。

山地黏土果园，梯田面宽时，雨季应在内沿挖较深（1米左右）的截流沟，将积水从两端排到沟谷中，以防内涝，砂石山地梯田内沿为蓄水挖出的竹节沟，在雨量过大时，应将竹节沟扒开，以利于过多的水分及时排出。

平原黏土或土质较黏的果园应认真开挖排水沟，排水沟间距及深度以雨季积水程度而定，积水重而土质黏重的应每2~3行（8~12米）挖1条，积水较轻或土质较黏的可每4~6行（16~24米）1条沟。行间排水沟应与园外排水渠连通。排水沟深度应保证沟内雨季最高水面比果园根系集中分布层的下限再低40厘米。

河滩沙地果园，如雨季地下水位高于80~100厘米时，也应挖行间排水沟，一般每4~6行挖1条。

第五章　苹果树的整形与修剪

第一节　苹果树整形修剪的原则

苹果树整形修剪，应坚持因树修剪，随枝做形；统筹兼顾，长远规划；平衡树势，主从分明；以轻为主，轻重结合；合理用光，立体结果等原则。

一、因树修剪，随枝做形

由于苹果树的品种特性、树龄、树势、栽培技术和立地条件互不相同，整形修剪时所采取的方式方法也不一样。即使栽在同一园区内，不同品种的树体长势、中心干强弱、主枝开张度、萌芽率、成枝力、顶花芽和腋花芽结果等生长结果习性也各不相同，整形修剪方法也不一样。如富士系品种主枝开张角度小，幼树生长偏旺，结果晚，修剪时应加大角度；嘎拉系品种成花容易、结果早，修剪时应注意短截或回缩，以防衰弱。因此，在进行整形修剪时，既要有树形要求，又不能机械照搬，根据不同单株的生长状况灵活掌握，随枝就势，因势利导，诱导成形，做到有形不死，活而不乱，避免造成修剪过重而延迟结果。

二、统筹兼顾，长远规划

苹果是多年生果树，在一地栽植后要生长和结果十几年甚至几十年，整形修剪应兼顾树体生长与结果的关系，既要有长远规划，又要有短期安排。幼树既要安排枝条，配置枝组形成合理的树体结构，又要达到早产、早丰、稳产、优质的目的，使生长结果两不误。如果只顾眼前利益，片面强调早、丰产，就会造成树体结构不良、骨架不牢固，影响产量提高。反之，若片面强调整形而忽视早结果，不利于缓和树势，进而影响早期的经济效益。对于盛果期树，必须按照生长结果习性和对光照的要求，适度修剪调整，兼顾生长与结果，达到结果适量、营养生长良好、丰产、稳产、品质优良、经济寿命年限长的目的。

三、平衡树势，主从分明

关键是处理好竞争枝，使树体内营养物质分配合理，营养生长和生殖生长均衡协调，从而实现壮树、高产、优质的目的。目前，我国苹果生产中常用的丰产树体结构是中心主干比主枝粗壮，主枝比结果枝组粗壮，下层骨干枝比上层骨干枝粗壮，基部的枝组比外部的枝组粗壮。因此，在整形修剪中，必须坚决疏除与中心主干（0级枝）粗度一致的主枝（1级枝），疏除主枝（1级枝）上与主枝粗度一致的结果枝（2级枝），达到0级枝粗度比1级枝粗度大1/3，1级枝粗度比2级枝粗度大1/2的效果，并使同类枝的生长势大体相同，使各级骨干枝保持良好的从属关系，让每一株树都成为生长与结果相适应的整体。

四、以轻为主，轻重结合

以轻为主，轻重结合的原则是指尽可能减少修剪量，减轻修剪对果树整体有抑制作用，尤其是幼树，适量轻剪，有利于扩大树冠，增加枝量，缓和树势，达到早结果、早丰产的目的。但修剪量不宜过轻，过轻势必减少分枝和长枝数量，不利于整形，骨干枝也不牢固。为了建立牢固的骨架，必须按整形要求对各级骨干枝进行修剪，以助其长势和控制结果。应该指出，轻剪必须在一定的生长势基础上进行，如红富士系列品种的一至二年生幼树，要在具有足够数量强旺枝条的前提下才能轻剪缓放，促使发生大量枝条，达到增加枝量的目的。反之不仅影响骨干枝的培养，而且枝量增加缓慢，进而影响早结果。因此，定植后1~2年幼树适量短截，促发长枝，为轻剪缓放创造条件，是促进早结果的关键措施。

五、合理用光，立体结果

合理用光，使每一片叶子均处于良好的光照条件，截获利用最多的光能。因此，通过整体修剪的合理调整，使层间留有足够的间隙，降低每一层叶幕的厚度，单侧厚度 0.6~0.8 米，调整骨干枝角度，使其互不重叠，枝叶保持外稀内密。降低树体高度，一般多控制在行距的 0.6~0.8 倍，行间枝头距保持 0.8~1 米，减少树与树之间的相互遮阴。

立体结果是指在 1 个开张角度较好的大枝上，培养、配备大量结果枝组，不仅要靠左右两侧的枝组大量结果，还要依靠大枝上下的中小枝组结果，形成大、中、小、侧、垂、立各种枝组均匀排列，高矮搭配，合理布局，使树冠的里外、上下、左右全面结果。因为这样既可增加产量，又能形成一定的遮阴，对夏季、秋季果实因日光直射造成的日灼有一定的缓解作用。

第二节 常用树形和基本剪法

一、苹果树常用树形

（一）主干形

全树只有 1 个骨干枝，即中干。在骨干枝上均匀着生 30~50 个各类枝组，枝组长度由种植密度而定，一般为 15~120 厘米不等，30~40 厘米的较多。冠径为 1~2 米，下部枝组长于上部枝组，枝组开张角度为 90°~120°。

壮苗定植第一年不定干，在距地面 60 厘米以上到顶部 3~4 芽以下进行隔芽刻芽。弱苗可在 90~100 厘米处定干。5 月中旬，当侧生新梢长到 15 厘米以上时，对强旺者摘去嫩尖 1 厘米，同时摘除顶部 2~4 片嫩叶，留叶柄。枝条半木质化时，用双手捏住枝条同一节，水平扭转 90°~180°；对长枝条每隔 3~4 节转 1 次。秋季对直立的长旺枝进行拿枝，使呈微下垂状态，促枝条成熟、芽体饱满。如未进行刻芽、摘心及拿枝等工作，只将新梢拉平者，冬剪应将当年的侧生枝全部疏除，主干延长枝于饱满芽处短截，增强中干势力，加大干、枝粗度比。

（二）自由纺锤形

目前广泛采用的苹果树树型之一，适合矮化中间砧或生长势强的短枝型品种，适合定植的株行距为（2~3）米×4 米。干高 50~70 厘米，树高 3~3.5 米，全树留 12~15 个主枝，向四周伸展，无明显层次。主枝角度为 80°~90°，下层主枝长 1~2 米，在主枝上配置中小枝组。主枝上不留侧枝，树型下大上小，呈阔圆锥形。

定植后于 70~80 厘米处定干。9—10 月在整形带的长梢中，选位置好的作中心领导枝，其余 3~4 个枝拉开，呈 80°~90° 角。对于竞争枝在 6—7 月新梢半木质化时扭梢，以便转化成结果枝。冬剪时对中央领导枝延长枝短截，拉开的主枝延长枝清头不短截。以后每年从中央领导干上选 2~4 个主枝，上、下层主枝保持 50~60 厘米，以避免重叠。上层主枝冬剪时可以根据生长势强弱决定是否中截或缓放不剪，并注意拉平主枝角度，对于拉平的主枝背上生长的强枝梢宜采用转枝、扭梢方法控制，尽量避免冬剪时疏除，这样一般经过 4~5 年可基本成形。

（三）细长纺锤形

该树形适合每亩定植 83~111 株的密植栽培，即株行距（1~2）米×4 米，是目前采用较多的丰产树形之一。干高 70~80 厘米，树体高度为 2.8~3 米，冠径 1.5~2.0 米，中心干直立、粗壮，有绝对的中干优势。侧生主枝不要过长，且不留侧枝，以下部长 100 厘米左右，中部长 70~80 厘米，上部长 50~60 厘米为宜。主干延长枝和侧生枝自然延伸，一般可不加短截。全树细长，树冠下大上小，呈细长纺锤形。侧生主枝在中心干上呈螺旋形均匀排列，共有 15~20 个，每个主枝间距为 30~40 厘米，不分层次。主枝角度为 60°~80°，主枝上不留侧枝，单轴延伸，直接着生中型、小型结果枝组，1 个主枝就是 1 个筒状的结果枝群。

细长纺锤形整形时一般采用高定干低刻芽的方式。苗木栽植后，在距地面 80~90 厘米处定干，并于 60 厘米以上的整形带部位选 3~4 个不同方向芽子上方 0.5 厘米左右处刻芽，促发分枝。当年 9—10 月将所发分枝拉平。第一年冬剪时对于成枝力强的品种，延长枝一般可不短截。第二年中心干上抽生的分枝，第一芽枝继续延伸，其余侧生枝一律拉平，长放不剪，一般同侧主枝相距 40~50 厘米。另外，对主枝的背上枝可采用夏季转枝和摘心的方法控制，使其转化成结果枝。第三年冬剪时中心干延长枝可长放不截，根据树势可以转头。对直立枝可部分疏除、部分拉平缓放，四至五年生时尽量利用夏季管理对拉平的主枝促其结果。对各级延长枝仍可不截长放延伸，这样基本可以成形。六至七年生时对水平状态侧生分枝优先促其结果，对于结过果的下边大龄主枝视其强弱给以回缩，过密者应疏除。使整个树冠成为上、下两头细，中间粗的纺锤形树冠。该种树形目前在密植丰产苹果园中采用较为广泛，树冠紧凑，通风透光好，有利于早结果、优质、丰产，六年生的矮化苹果树每亩的产量可以达到4 500 千克以上。

（四）疏散分层形

疏散分层形又称主干疏层形。干高 60~80 厘米，主枝疏散分层排列在中心干上。第一层主枝 3~4 个，第二层主枝 2 个，第三层主枝 1~2 个。第一层主枝与第二层主枝的层间距为 80~100 厘米，第二层主枝与第三层主枝的层间距为 40~60 厘米。主枝上着生侧枝，主侧枝上着生结果枝组。选留主枝时要注意主枝的基角，基角过小即使大量结果后，也无法令其开张角度。但是基角过大，主枝生长势易转弱，影响长期的丰产、稳产。主枝角度一般是第一层基角 60°~65°，腰角 65°~75°，梢角 50°~60°；第二层基角 55°~60°，腰角 60°~70°，梢角 50°~55°。

定植后定干，高度 60~80 厘米。剪口下留 8~10 个饱满芽，剪口下第一层芽留在迎风一侧，距地 60 厘米以上刻芽。5 月下旬应及时对长枝进行摘心，促进新梢充实和芽体饱满。夏季要扭、疏竞争枝，并在夏季 7—8 月进行拉枝、捋枝，及时开张角度。第二年要对中心干的延长枝进行短截，剪留长度为 80~100 厘米，过旺的主枝要重截，翌年重发，弱的主枝缓放并清头，调整主枝间角度为 120°，垂直角度为 60°~70°。第三年继续对中心干延长枝短截，剪留长度 50~60 厘米，主枝清头修剪，疏除背上枝，斜生枝马耳杈修剪，辅养枝缓放，并开角至 90°；第一层主枝上选留侧枝，应注意其着生部位。第四年要继续保留原来的中干延长枝，可以剪留 50 厘米左右，并在其下选留出第二层的主枝，也就是全树的第四主枝、第五主枝。对选留的第二层主枝延长枝清头，其余的枝条，要强枝疏除，中庸枝或短枝保留。第五年中央领导枝的高度一般能达到要求的标准，这时要剪去中央枝的直立部分，使枝头倾斜，控制树体的高度，在其下方合适的位置选留出第六主枝、第七主枝，完成全树整形。

（五）开心形

开心形的特点是树冠大、树龄长、主枝开张、枝条下垂结果，是目前苹果乔化栽培中比较理想的树形。开心形苹果树结果寿命较长，通常可达 50 年以上。在日本青森地区有不少四十至六十年生的苹果树，仍然枝叶健旺，自然下垂，硕果累累。开心形苹果树形虽然整形周期长，结果较晚，一旦进入盛果期，则树势中庸，枝组极易结果下垂，形成"披头散发"状，不仅光照好、产量高，而且品质优良，为苹果乔化栽培赢得了新的发展机遇。开心形根据干的高低可分为高干开心形、中干开心形和低干开心形；根据冠幅大小又可分为大冠开心形和小冠开心形；根据砧木类型可分为乔化开心形和矮化开心形；根据主枝多少可分为二主枝开心形、三主枝开心形、四主枝开心形（又称十字形）、五主枝开心形和多主枝开心形；根据是否分层可分为双层开心形和单层开心形，树高一般控制在 2.5~3 米。

开心形的主要优点是干高，园内通风透光好；无主干头，增加了内膛光照；永久性大主枝少，枝、叶、果全部见光，果实品质高；以甩放为主，修剪方法简单，容易成花，通过培养主枝两侧下垂结果枝组结果，形成立体结果，产量高；枝量少，冬剪后每亩枝量为 5 万条左右；结果年限长，开心树形 20 年初步成形，30 年才完全成形，30~60 年是稳定结果期。我国目前部分苹果密植园可通过向开心树形的改造，逐步解决困扰我国苹果生产的四大技术难题，即光照差、产量低、品质差、大小年等。

在选择树形时需要考虑果园环境条件、品种、砧木、株行距、管理水平等因素，确定最适合的目标树形，然后按照其结构要求制定修剪方案。

二、基本剪法

（一）短截

又称剪截，就是把枝条适当地剪去一部分。其主要作用是刺激侧芽萌发，使其抽生新梢，增加枝叶量，保证树体正常生长结果。短截包括轻短截、中短截、重短截和极重短截。轻短截是指剪去枝条全长的 1/5~1/4；中短截是指剪去枝条全长的 1/3~1/2；重短截是指剪去枝条全长的 2/3~3/4；极重短截是指仅在基部留 1~2 个芽剪截。

（二）回缩

又称缩剪，是指在多年生枝处，留 1 个健壮的分枝，并将前端枝剪除的方法。树体进入结果期后，新梢的生长逐渐减弱，萌发的枝大多为短枝，并出现枝条下垂，为复壮树势及提高果实品质，就必须对这些枝条进行回缩修剪。回缩的对象为交叉、重叠或并生的枝条，已经下垂的结果枝，多年生的缓放枝，已经结果的辅养枝，细弱的枝组，延伸过长的单轴枝组，过于高大的结果枝组，过于密集的枝条，中央领导干需落头的，弱枝需要复壮的等。

（三）缓放

又称长放和甩放，是指对一年生枝条放任生长，不进行任何修剪。缓放并不是对所有的枝条而言，而是对一部分枝条缓放不剪，多用于发育枝向结果枝的转变和结果枝组的培养。为了提早结果，应对幼树、初果期树的长、中枝进行一定的缓放。在有空间的情况下，尽量多对一些斜生枝、水平枝、辅养枝、中庸发育枝、下垂枝进行缓放，可有效促进花芽分化，对直立枝可以缓放或先拉平后缓放，以形成花芽。

（四）疏除

又称疏间、疏剪，即将枝条从基部彻底剪去。可以采取疏除的枝条范围包括背上枝、内膛徒长枝、交叉枝、病虫枝、重叠枝、并生枝、竞争枝、多余主枝、下垂枝、多余花枝、轮生枝、衰老果台枝等不宜利用的枝条。

（五）落头

又称开心，即在树体达到一定的高度后，对中心干延长枝进行回缩到顶端的主枝处。

（六）齐花剪

苹果树枝条缓放后，一般较易形成花芽。为培养小型结果枝组或改善树冠内的光照条件，并减少养分消耗，从枝条着生花芽的地方进行缩剪。

（七）破顶芽

将顶芽剪去，刺激下部芽眼萌发，形成短枝。

（八）破花芽

将花芽剪去一半（即剪破花芽），使之重新萌发形成花芽。

第三节　不同季节的修剪

一、春季修剪

春季修剪也称春季复剪。春季修剪的时间是在萌芽至花期前后，包括花前复剪、除萌、抹芽和延迟修剪，多采用疏枝、刻伤环剥等措施。这些措施在枝量少、长势旺、结果晚的品种上较为适用。通过疏剪花芽、调节花芽与叶芽比例有利于成龄树丰产、稳产。有些品种的花芽在冬剪期间尚不易识别时，以及容易发生冻害的品种，也可延迟到萌芽时修剪。春季修剪便于控制花芽量、剪除保护橛和抹除无用的多余萌芽，尤其在花期疏蕾可以达到以花定果的目的。花后短截一年生枝有增加发枝量和缓和树势的作用。

二、夏季修剪

夏季修剪是在夏季新梢旺盛生长期进行的修剪，从苹果盛花期末到夏梢缓慢生长期都是夏季修剪的时期，即5月上旬至8月上旬，约90天。夏季修剪的主要目的是开张枝干角度，控制新梢徒长，平衡树势和根系生长，理顺骨干枝与各种枝组间的从属关系，改善树冠通风透光条件，保证树体生长结果与花芽分化的平衡。

修剪方法是剪去过密枝叶，开张大枝角度；幼旺树上的骨干枝摘心、扭梢、拉枝、环剥等。坐果期环切、环剥；旺长幼树在花芽分化期带叶复剪。复剪修剪量要适度，方法以摘心扭梢、调整枝条角度为主，切勿过多疏枝、短截和过重环剥。对于骨干枝与辅养枝的修剪要区别对待。

三、秋季修剪

秋季修剪是在8月至落叶前进行的修剪工作，是在年周期中新梢停止生长以后，此时树体开始储藏营养，进行适度修剪可使树体紧凑、改善光照条件，充实枝芽，复壮内膛枝条。秋季修剪的主要任务是去除感染病虫害较多的枝梢及徒长枝和过密、过多、质量较差的老叶，改善树冠内的通风透光条件，增加树体营养积累和果实着色，充实枝芽发育质量。

修剪方法是对幼旺树的秋梢进行摘心；疏除过密叶；直立枝拉平，平垂枝吊枝，调整枝条角度，防止枝头下垂和大枝开角劈裂；摘除果实周围部分遮光叶片。秋季修剪也是带叶修剪，修剪一般不引起翌年再旺长，但切勿修剪过重，也不宜在弱树上应用，否则会严重削弱树势。秋季修剪的时间要适当，过早会引起二次生长，过晚则难达到秋季修剪的良好效果。

四、冬季修剪

冬季修剪也就是休眠期修剪，是指从冬季落叶后到翌年春季发芽前所进行的修剪。冬季修剪的主要目的是选留和培养骨干枝，调整结果枝组的大小和分布，处理不规则的枝条，控制总枝量和花芽数。

修剪方法是采用疏剪、短截、回缩相结合，促控相结合的方法。幼树注意树体结构的培养，成龄树注意生长势的调整，力争长势不衰，各部位长势平衡，营养生长与生殖生长基本平衡，注意更新复壮问题。

第四节　不同生长阶段的修剪

一、幼树期的修剪

幼树期是指从苗木栽植到第一次开花结果的这一时期。该时期的修剪特点是促进树势健壮，轻剪长放多留枝，迅速增加枝条数量；调整骨干枝角度，加速树冠扩大，充分占领营养空间，合理利用光能。

（一）定干

根据所选定树形，确定合理的定干高度，一般要求在整形带内保证 8~10 个饱满芽，如利用有分枝大苗或苗木整形带内饱满芽欠缺需提高定干高度时，可用刻芽法促发壮枝数量。

（二）抹芽、摘心和扭梢

从春季至秋季，及时抹除各类枝干上的无用萌芽，减少营养消耗。在骨干枝延长梢长达 50 厘米左右时摘心，可充分利用副梢扩大树冠，秋季对旺枝摘心，能增强抗寒越冬能力。对骨干枝背上旺枝和竞争枝及时扭梢，不仅可促其延长梢加速生长，还能提早形成花芽。

（三）拉枝、刻伤

在春季、秋季，结合树形要求，采取支、拉、撑等方法，将主枝、侧枝拉到规定的角度，对于其他枝条应拉至下垂状态。对直立强旺枝和光秃带较长的枝条，可进行细致刻伤，以利于增枝。

（四）骨干枝的修剪

对每年选留的中心主干延长枝剪留 60 厘米左右，主枝在保证留外芽的前提下，剪留 50 厘米左右。纺锤形整形时，小主枝应均匀排列伸向四方，采取小冠疏层形时，第二层主枝不应朝南，并安排在第一层主枝的空档。侧枝间距按规定配置，各主枝上的侧枝按奇、偶分列两边。

（五）辅养枝的修剪

对辅养枝应轻剪长放多留枝，并且拉平甚至下垂，使其伸向冠外空间大的地方。为防止下强上弱或"掐脖"现象，对采取纺锤形整形的下层留 2~3 个辅养枝为宜，上层留 3~4 个即可。而采取疏层形整形时，第一层枝周围留 1~2 个辅养枝即可，在1~2 层主枝间的中心主干上，可留 3~4 个较大的辅养枝。如果辅养枝对主枝有影响时，幼树期间为满足结果的需要一般只疏去辅养枝上的较大侧生分枝，使其单轴延伸。

（六）竞争枝的修剪

中心主干延长头的竞争枝，在原头长势太旺而竞争枝的长势和位置较好时，可疏去原头，利用竞争枝替代；反之疏除竞争枝。如果原头和竞争枝的长势都好，其下枝条较小时，可保留竞争枝，春季将其拉平，增加结果部位。主枝头的竞争枝，可用疏除、留短橛法处理，待短橛上发出强梢时，可用扭梢或多次摘心法控制其生长势。

二、初果期的修剪

初果期指从开始见果到大量结果的这段时期，为了早果、早丰，尽快完成整形任务，应该采用"先促后缓、促缓结合、适当轻剪"的修剪方法，使其尽快形成牢固骨架，扩大树冠，增加全树枝量。

（一）骨干枝的修剪

当骨干枝的长度、高度已接近树形要求，株间冠距不到 1 米时，对长势较强的延长枝进行缓放不剪，任其自然延伸。如未达到上述条件，则应将延长枝剪留 40～50 厘米。同时，注意开张各级枝的角度，使基角保持在 50°～60°、腰角 70°～80°、梢角 50°～60°。另外，调整好各级枝间的从属关系和平衡关系。就从属关系而言，要求中心主干生长势强于主枝，位置高于主枝，主枝又强于侧枝和高于侧枝。平衡关系就是要树冠上下、左右、同层枝间、树冠内外生长势相近。如中心主干过强时，须多疏上部强枝，加大枝条角度，少短截多留花果，对其加以削弱，而对下层主枝要采用相反的方法促其增强。同层枝间不平衡时，也可用此法调整。

（二）辅养枝的修剪

枝龄小、无花果的强壮辅养枝轻剪缓放，拉枝补空，夏季促花，以形成结果部位。已结果、体积稍大并对骨干枝有一定影响的辅养枝，要疏剪其侧生分枝，缩小体积，继续单轴延伸。而对骨干枝影响较大的辅养枝，要在其后部良好的分枝处回缩，将其改造成大型、中型枝组，无发展利用空间的可一次性疏除。

（三）培养枝组

这是该期修剪的重要任务之一，对向正常结果转化的枝条起决定性的作用。培养枝组应以纺锤形中采用较广泛的先放后缩法为主，先截后放法为辅。

先放后缩法是对一年生中庸偏旺枝先缓放，待成花结果枝条转弱后再回缩。这一过程在富士系品种中一般为 6~7 年，对连续缓放枝，要加强拉枝、刻伤、环剥、环割等修剪措施，促生中果枝、短果枝和成花，使其形成单轴、细长、松散和下垂状态的枝组，是此期树上枝组的主要形式。

先截后放法是对一年生枝先中、重短截，促生强壮枝后，再缓放几年，结合短截和回缩，容易形成大、中枝组，以占据较大的空间。

在枝组配置上，要求多而不密，分布合理，充分受光，结果正常。每株树上的枝组应是下层多于上层，外围少于内膛。每个主枝上要前、后部小枝组多，中部大、中枝组多；主枝背上以中、小枝组为主，两侧以大、中枝组为主。在稀植大冠条件下，大枝组占 15%~20%，中、小枝组占 80%~90%；而在密植条件下，中、小枝组占 90% 以上，大枝组占 10% 以下。该期对竞争枝和徒长枝的剪法与幼树期相同。

三、盛果期的修剪

盛果期是从初果期结束到一生中产量最高的时期。此期树体骨架已基本形成，整形任务完成，修剪的主要目的是改善光照条件，调整好花芽、叶芽比例，维持健壮的树势，培养与保持枝组势力，争取丰产、稳产、优质。

（一）改善光照条件

根据各树形规定的高度以及树高不能超过行距80％的基本原则（如行距5米时，树高应在4米以下），对于初果期没有落头或落头不适合的树，到盛果期一定要落头。通过落头，控制上层枝量，使第一层枝量与第二层枝量之比达到5：（2~3），打开天窗，解决上光问题。具体做法是纺锤形可一次性落到需要高度，全园实行"一刀齐"。小冠疏层形可分2次落头，先在预落头处，培养好主枝和跟枝（跟枝是最后的主枝，其角度合适并已固定，粗度也已接近落头处中心主干粗度）后再落头。如果上部生长势较弱，也可采用一次性落头法落头。

在树冠间已出现交接或近交接时，如果主枝延长枝生长弱，应适当回缩，反之可采用拉枝、环剥等措施，待其缓和后再回缩。总之，修剪后应使行间保持1~1.5米的距离，株间互不影响为宜。

改造和疏除初果期保留下来的辅养枝，但不宜操之过急，中庸树利用2~3年时间，旺树利用4~5年时间改造完成，酌情每年改造1~2个辅养枝，使夏季叶幕层保持在50~70厘米，冠内自然透光率达50％以上。此外，要根据树势和枝量，逐年疏、缩衰弱的下垂枝和近地枝，达到冠下地面有1/3的花影，对面能见人的程度。

（二）调整叶芽、花芽比例

根据品种特性和树势强弱确定合适的叶芽和花芽的比例，才能达到连年丰产、稳产、优质。如红富士苹果，在树体生长势中庸的前提下，叶芽与花芽之比应保持在 3：1 左右。树势衰弱时，可通过回缩多年生衰弱枝组，优化果枝年龄结构，疏剪过多花芽，使叶芽、花芽比达到（5~6）：1；而树势太强时，可适当轻剪，少短截，多疏壮条，将叶芽、花芽比控制在（2~3）：1。

（三）维持健壮树势

稳定而健壮树势的主要指标是外围新梢平均长度达到 30 厘米以上，秋梢很少，树冠内部也有一定新梢生长；长枝占全树新梢总量的 20% 左右，中枝、短枝占 80% 左右。修剪前，根据上述指标进行树体调查，如果达不到上述指标时，则要适当增加修剪量和剪截程度，并以壮枝、壮芽带头，疏剪弱枝，回缩更新多年生衰弱枝组，逐年优化果枝年龄结构，减少花、果留量。如果调查数量超标，树势变旺时，应适当减轻修剪量，多疏少截，留弱枝、弱芽带头，同时增加花果留量。如果树冠外围偏旺，应适当加大骨干枝梢角，适当疏除过多的旺壮新梢；而在树冠内偏旺时，则应抬高骨干枝梢角，并疏除内膛旺枝。

（四）培养与保持枝组势力

该时期培养新枝组时，要选择位置适当、生长健壮的一年生枝进行短截，促其抽发强壮分枝，以后通过 2~3 年长放、短截和回缩等方法，培养成新的结果枝组。同时，对其周围的枝龄老化、生长势极度衰弱、结果不良的枝组，有计划地逐年疏除，给新枝组的生长发育留出空间，以幼替老，保持树老枝壮、结果能力不衰和年年结果的状态。在目前的苹果生产中，对于大果型品种（如红富士等），每平方米骨干枝平均保留 10 个结果枝组，便能达到丰产、优质的要求。

保持结果枝组的健壮生长势，防止因枝组老化导致的结果能力下降，延长经济寿命，是一项细致而大量的工作。具体方法是将原来初果期培养的单轴延伸、松散细长、极度衰弱的枝组，在其中部、后部选良好分枝处进行回缩，使其逐渐缩短枝轴长度，促其树势达到中庸健壮，并转变成紧凑型枝组。调整时，应轻重适度，分批、分期改造，回缩比例一般不超过总枝量的15%，避免截、缩过多，而引起树势旺长，影响结果和导致产量下降。

　　大多数苹果品种的结果枝组以三至七年生结果效能较高，特别是五至六年生为最好，并且在优质丰产的树体上，以中庸健壮的枝组结果最好。因此，需要采用不同的修剪方法，促其强旺枝组和衰弱枝组转化成中庸健壮枝组。

　　生长势强旺的枝组，在拉平的基础上，疏除直立强旺枝和密生枝，对其余枝条压平或抬剪打短橛，待翌年继续缓放，去强留弱，促生中枝、短枝。针对有发展空间的斜生枝和中果枝、长果枝，均不剪截，促其缓和生长势和结果。对于串花枝，不要进行缩剪，只能进行疏花、留叶和适量地留果。否则，枝条剪得越短，越是难以形成下垂生长的结果枝组。

　　对中庸健壮枝组，要采用看芽修剪法，调整叶芽、花芽比例达3∶1左右。用"抑顶促萌、中枝带头"法修剪，即抠去枝组顶上的直立强枝，对其下的水平、中庸枝缓放不截，使之成为带头枝。对枝组背上直立枝，多数可以疏除，但对有空间需要保留培养时，可抬剪留2~4芽的短橛，抽梢后进行连续摘心，促发短枝。对枝组背下的水平枝、斜生枝进行缓放，以利于形成中枝、短枝和成花结果。

　　对于衰弱枝组，应采取回缩的方法，缩剪到中部、后部的壮枝、壮芽处。待以后抽出壮枝时进行短截。同时，疏剪枝组上的弱花芽和密生花芽，并对极度衰弱已无更新条件的枝组进行疏除。针对中果枝、长果枝适度剪截，留下有一定枝轴长度的短果枝结果。果台上的果枝要剪前留后，集中养分供给，恢复枝组的生长结果能力。

第六章　苹果树的花果管理

第一节　苹果花的授粉

苹果为异花授粉果树，自花结实率很低或不结实，在配置好授粉树的前提下，同时辅助花期放蜂或花期人工授粉，可以明显提高坐果率，生产端庄果，提高果实品质。

一、花期放蜂

花期放蜂是苹果园提高坐果率常用的方式之一，分为蜜蜂授粉和壁蜂授粉，而壁蜂授粉效果明显优于蜜蜂授粉，在此做重点介绍。

（一）巢管和巢箱的制作

1. 巢管的制作

在放蜂果园按实际放蜂量的 2.5~3.0 倍备足繁蜂所需芦苇巢管，管长 15~16 厘米，内径 7 毫米。用芦苇管时一端要留节，另一端开口，口要平滑，并将管口用广告色染成绿、红、黄、白 4 种颜色，比例为 30：10：7：3。风干后把有节一端对齐，50 支 1 捆，用绳扎紧备用。也可卷制纸管，纸管内用报纸，外用黄板纸或牛皮纸卷成，管壁厚 1~1.2 毫米，按以上比例涂色，50 支 1 捆，将未涂色一端对齐，涂上胶水用 1 层报纸和 1 层牛皮纸封严，胶水用无异味的壁纸胶。以上 2 种巢管颜色、高低不一，错落有致。不论何种巢管,其内径都应为 7 毫米左右,太细,所做花粉团小,幼虫由于营养不足,发育成雄蜂较多;太粗,所做花粉团较大,虽发育成雌蜂多,但繁殖率低。使用具有专利技术的塑料巢管一次投资,多年使用,无毒无味,无传染病虫害,使用方便简洁,投资小好保存,易管理,好剥蜂茧。对于使用特殊材料制作具有专利技术的塑料巢管,由于塑料巢管透光高,壁蜂筑巢产卵时怕光,先用报纸把巢管裹起来,用湿泥将巢管一头堵住晾干,再将巢管堵住口的一头朝里放入蜂箱,开口朝外尽量靠内。

2. 巢箱的放置

放蜂前将巢箱设置在果园背风向阳处,巢前开阔,无遮蔽,巢后设挡风障。巢箱用木架支撑,巢箱口朝南或朝西,距地面 40~50 厘米,东西南北间距都为 25 厘米,均匀设置,箱上设棚防雨。巢箱可用砖、水泥砌成永久性的,体积 24 厘米×19 厘米×19 厘米,也可用木箱、纸箱等,每箱放 6~8 捆巢管,管口朝外,2 层之间放硬纸板隔开。为避免淋雨,用塑料布盖顶。巢管上放蜂茧盒(药用的小包装盒即可)露出 2~3 厘米,盒内放蜂茧 60~100 头,盒外口扎 2~3 个黄豆粒大小孔,以便于出蜂。放蜂期间,一般不要移动蜂箱及巢管,以免影响壁蜂授粉繁蜂。

3. 设置取土坑

壁蜂在授粉的同时,产卵繁殖后需用湿土封巢管,应在蜂箱附近挖一个深 50 厘米、直径 30~40 厘米的土坑,坑内每天浇水保持湿润。砂地果园,坑底最好放些黏土。

(二)放蜂技术

1. 放蜂时间

一般于中心花开放前 4~5 天进园释放。蜂茧放在田间后,壁蜂咬破茧壳陆续出巢,7~10 天才能出齐。如果提前将蜂茧由

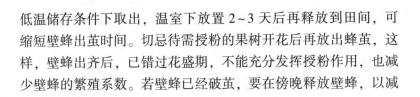

低温储存条件下取出，温室下放置 2~3 天后再释放到田间，可缩短壁蜂出茧时间。切忌待需授粉的果树开花后再放出蜂茧，这样，壁蜂出齐后，已错过花盛期，不能充分发挥授粉作用，也减少壁蜂的繁殖系数。若壁蜂已经破茧，要在傍晚释放壁蜂，以减少壁蜂的遗失。

2. 放蜂方法

一般采用多茧释放法，蜂茧可以放在 1 个宽扁的小纸盒内，盒四周戳有多个直径 0.7 厘米的孔洞供蜂爬出。盒内平摊 1 层蜂茧，不可过满过挤，纸盒放在蜂巢内；也可把蜂茧放在 5~6 厘米长、两头开口的苇管或纸管内，每管放 1 个蜂茧，与蜂管一起放在蜂巢内。后一种方法壁蜂归巢率高。

3. 放蜂数量

放蜂量必须根据果园面积和历年结果状况而定，盛果期果园每亩放蜂量按 200~300 头准备，初果期的幼龄果园及结果小年，放 150~200 头蜂茧。放蜂目的是提高坐果率，历年坐果率较高的果园或结果大年果园，每亩放 200 头蜂茧，主要是提高果品质量。

4. 放蜂期蜂巢的管理

一是放蜂期间不能移动蜂箱及巢管；二是防止雨淋；三是预防天敌危害，如蚂蚁、蜘蛛、蜥蜴、鸟类、寄生蜂、皮蠹和蜂螨的危害。蚂蚁可用毒饵诱杀，毒饵配方是花生饼或麦麸 250 克炒香，猪油渣 100 克、糖 100 克、97% 敌百虫原药 25 克，加水少许，均匀混合。每 1 蜂巢旁施毒饵约 20 克，上盖碎瓦块防止雨水淋湿和壁蜂接触，蚂蚁可通过缝隙搬运毒饵中毒死亡。对木棍支架的蜂巢，可在支架上涂废机油，防止蚂蚁爬到蜂巢内危害花粉团、卵和幼蜂。捕食壁蜂的天敌如狼蛛跳蚤、豹蛛、蜥蜴等和寄生性天敌如尖腹蜂等，应人工捕拿清除，对鸟类危害较重地

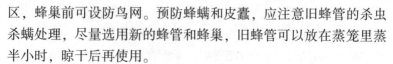

区，蜂巢前可设防鸟网。预防蜂螨和皮蠹，应注意旧蜂管的杀虫杀螨处理，尽量选用新的蜂管和蜂巢，旧蜂管可以放在蒸笼里蒸半小时，晾干后再使用。

（三）蜂种的回收与储存

成蜂活动结束后，于5月底至6月初从田间取回巢管，把壁蜂营巢封口或半管的巢管挑出，50支1捆，放入纱布袋内，放在恒温库或挂在通风、干燥、清洁、不生火的空房内存放，注意防鼠。切勿放在堆有粮食等杂物的房内，以防谷盗、粉螨和鳞翅目幼虫的危害。翌年1月中下旬气温回升前，将苇管剖开，取出蜂茧，剔除寄生蜂茧和病残茧后，装入干净的罐头瓶中，每瓶500~1 000头，用纱布罩口，在0~5℃下冷藏备用。

（四）配套管理技术

1. 补充花源要及时

壁蜂在田间活动寿命约40天，其访花效率以出蜂5~7天后最高。为了提高其访花效率，延长其采粉时间，提高繁殖系数，可在巢箱附近提前栽种打籽的白菜、萝卜等补充花源植物，使之先于果树开花，以供提前释放的壁蜂采粉、采蜜补充营养。

2. 放蜂前后不喷药

花前使用剧毒或有忌避作用的农药时壁蜂大部分被毒死或驱赶，使放蜂失败。在自然界，果树开花期间还有蜂、蝇、蝶、蛾等其他各种访花昆虫，为了保护这些昆虫，提高坐果率，无论是否放蜂，都应提倡从开花前7~10天到谢花，尽量不喷施农药。

3. 水源条件要充足

壁蜂每做1个花粉团并产卵后都要用泥封堵。巢箱旁的水泥坑面积应尽量大些，及时添加水，使之保持湿润状态。这样壁蜂采泥方便，产卵后封堵需时短，访花效率高，繁殖系数大。

二、花期人工授粉

(一) 采集花粉

在主栽品种开花前,从适宜的授粉树上采集含苞待放的铃铛花,带回室内,两花对搓,脱取花药,去除花丝等杂质,然后将花药平摊在光洁的纸上。若果园面积大,需花粉量较多时,则可采用机械采集花粉。在花药成熟散粉过程中,室温应保持在 20~25℃,湿度保持在 60%~80%,每昼夜翻动花粉 2~3 次。经 1~2 天花药即可开裂散出花粉,过箩即可使用。如果不能立即使用,最好装入广口瓶内,放在低温干燥处暂存。通常每亩产果 4 000 千克的盛果期树,人工点授时需 0.5~0.75 千克铃铛花。

(二) 授粉时期及次数

人工授粉宜在盛花初期进行,以花朵开放当天授粉坐果率最高。但因花朵常分期开放,尤其是遇低温时,花期拖长,后期开放的花自然坐果率很低。因此,花期内要连续授粉 2~3 次,以提高坐果率。

(三) 人工点授方法

人工点授可用自制的授粉器进行。授粉器可用铅笔的橡皮头或旧毛笔,也可用棉花缠在小木棒上或用香烟的过滤嘴。授粉时,将蘸有花粉的授粉器在初开花的柱头上轻轻一点,使花粉均匀沾在柱头上即可,每蘸 1 次可授花 7~10 朵。每花序可授花 2~3 朵,花多的树,可隔花点授,花少的树,多点花朵,树冠内膛和辅养枝上的花多授。

(四) 喷粉和液体授粉

果园面积较大时,为了节省用工,也可采用喷雾或喷粉的方法。取筛好的细花粉 20~25 克,加入水 10 千克、白糖 500 克、尿素 30 克、硼砂 10 克,配成悬浮液,在全树花朵开放 60% 以上

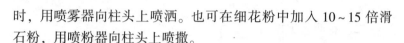

时，用喷雾器向柱头上喷洒。也可在细花粉中加入 10～15 倍滑石粉，用喷粉器向柱头上喷撒。

（五）插花枝授粉

授粉树较少或授粉树当年开花较少的果园，可在开花初期剪取授粉品种的花枝，插于盛满清水的水罐或矿泉水瓶中，每株成龄树悬挂 3～5 瓶，每瓶中应有 10 个以上花丛。为了使全树坐果均匀，应将瓶悬挂在树冠外围中等高度和不同方向，并且需要每天调换 1 次挂瓶位置。同时应注意往瓶内添水，以防花枝干枯。

第二节　苹果树的疏花疏果

一、疏花疏果时期

疏花疏果进行得越早越好，疏果不如疏花，疏花不如疏花芽。当花芽量较大时，可利用冬剪、花前复剪疏除部分花芽。如果树体健壮，花期气候条件较好，花量能满足丰产要求，特别是疏花后能够配合人工辅助授粉保证坐果率时，就可以进行疏花，以后再少量疏果加以调整。反之就应在首先保证充分坐果的前提下，根据果量于花后疏果。疏果的时期一般在盛花后 1 周开始，在落花后 30 天内完成。

二、疏花疏果的程序

一般先疏坐果率低的品种，后疏坐果率高的品种；先疏大树，后疏幼树；先疏弱树，后疏强树；先疏骨干枝，后疏辅养枝。在一株树上，先疏上部，后疏下部；先疏外围，后疏内膛；先疏顶花芽花、果，后疏腋花芽花、果。为防止漏疏，最好按枝顺序疏花疏果，这样可以做到均匀周到，准确无误，合理留果。

三、疏花的方法

在花序伸出期，按 25～30 厘米的间距，留下位置适宜的花序，余者疏除。在花蕾分离期，留下中心蕾，去除边蕾；在开花期，留下中心花，疏去边花。

四、疏果的方法

（一）距离法

在确定全树适宜留果量的基础上，按一定距离留果，使果实均匀分布于全树各个部位。留果间距，小果型品种（如金红等）为 15～20 厘米，大果型品种（如金冠、新红星等）为 20～25 厘米，红富士系品种以 25 厘米左右为宜。在实际操作中，应根据树势、枝组和果枝粗度及果台副梢长短等酌情留果。

（二）枝果比法

据研究表明，多数苹果品种按枝果比法疏果时，以（4～5）：1 的比例留果最为适宜，即 4～5 个生长点（枝）留 1 个果。按平均每个生长点能长出 10 片叶计算，这样就能保证有 40～50 片叶制造养分供给果实生长发育。树势较弱时，生长枝较短，每枝平均不到 10 片叶时，可增加枝的比例。

第三节　提高果实品质的管理

一、纸袋类型

目前育果袋类型包括双层纸袋、单层纸袋、塑膜袋、纸+膜袋、反光膜袋、液膜袋和报纸袋等，生产上应用最多的是双层纸袋。

（一）双层纸袋

我国生产的大多数双层袋，外袋外侧为灰色、褐色等，内侧为黑色，内袋为红色和黑色两种，大部分内袋进行了涂蜡处理，部分品牌纸袋的内袋还进行了药剂处理。

（二）单层纸袋

单层纸袋目前生产中应用也较多，主要用于新红星、乔纳金等较易着色品种和金冠等绿（黄）色品种，以防止果锈、提高果面光洁度为主要目的。我国大多数单层纸袋的外侧为灰色，内侧为黑色单层袋（复合纸袋）、木浆纸原色单层袋和黄色涂蜡单层袋等。

（三）塑膜袋

目前应用于果品上的塑膜袋由聚乙烯薄膜制成，袋宽16厘米，高20厘米，厚0.005毫米，袋面上打5个透气孔（四角各1个，中间1个），袋下角剪2个长约各2厘米的排水孔；袋色有橘红、紫、白等，有些塑膜袋在制袋的聚乙烯中加适量的透气剂和防腐保鲜剂。

（四）纸+膜袋

对苹果实行塑膜袋和纸袋结合，实行一果双套，既利用了膜袋能使果面光洁，基本无裂果，又发挥了纸袋能遮光褪绿、着色鲜艳的特点。纸+膜袋外层为单层纸袋，内层为黑色膜袋，目前该种果袋在部分果区得到了一定面积的推广。

（五）反光膜袋

为有效降低袋内温度，避免果实日灼病的发生，山东清田塑工有限公司研制了反光膜袋，该类型果袋由内外2层纸构成，内层为蜡纸红袋，外层袋外侧涂有反光材料。果实套反光膜袋后，袋内气温比普通双层纸袋低10℃以上，有效地避免了果实日灼病的发生，同时果实褪绿速度快、改善冠内光照、优质果率提高；但该种果袋透气性较差，成本较高，影响了其大面积使用。

（六）液膜袋

液膜袋是以现代仿生技术和控制释放原理生产的新型果袋，由聚乙烯醇类等物质复合多种生物活性物质制成，喷施后在果面形成一层网状微膜结构，具有弹性和延伸性，可随果实生长而增大。初步试验和试用结果表明，使用液膜果袋果面光洁度显著提高，病虫果发生率显著降低，并且成本低、省工。

（七）报纸袋

自制报纸袋能一定程度防止金冠果锈的发生和提高果面光洁度，目前还有个别果园在使用。

二、套袋、摘袋时期及方法

（一）套袋时期和方法

1. 套袋时期

实践证明，不同地区、不同品种套袋时期的早晚对果实质量影响较大，各地通过不同时期套袋试验提出了有针对性的适宜套袋时期。在胶东产区红富士苹果最佳套袋时期选择在果实生理落果后的 6 月上中旬（花后 35~40 天），在鲁西南产区从 5 月下旬开始套袋；早熟和中熟品种应在花后约 30 天进行。在海拔 950 米的渭北地区，花后 40~50 天是红富士苹果的最佳套袋时间。在河北花后 20~40 天是长富 2 最佳套袋时间。试验和调查结果表明，套袋越早，果实的外观品质越好，果面光洁鲜艳、着色好、果点小，果实的锈斑发生率低，但不利于糖类物质积累；套袋越晚，果实的可溶性固形物含量越高，果实硬度越大，但果面粗糙，日灼病增加。套袋时间应在早晨露水已干、果实不附着水滴或药滴时进行，以防止发生日灼病和药害。一般在晴天上午 8 时至下午日落前 1 小时进行套袋，但中午温度较高（超过

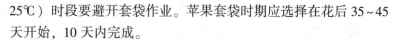

25℃）时段要避开套袋作业。苹果套袋时期应选择在花后35~45天开始，10天内完成。

2. 套袋方法

套袋前3~5天将整捆果袋放于潮湿处，使之返潮、柔韧。

选定幼果后，小心去除附着在幼果上的花瓣及其他杂物，左手托住果袋，右手撑开袋口，使袋体膨起，袋底两角的通气放水孔张开。

手执袋口下2~3厘米处，袋口向上或向下，套入幼果，使果柄置于袋的开口基部（勿将叶片和枝条装入果袋内），然后从袋口两侧依次按"折扇"方式折叠袋口于切口处，将捆扎丝扎紧袋口于折叠处，于线口上方从连接点处撕开，将捆扎丝反转90°，沿袋口旋转1周扎紧袋口，使幼果处于袋体中央，在袋内悬空，以防止袋体摩擦果面。

套袋时用力方向要始终向上，以免拉掉幼果，用力宜轻，尽量不碰触幼果，袋口要扎紧，但不能捏伤或挤压伤果柄，袋口尽量向下或斜向下，以免害虫爬入袋内危害果实，防止药液、雨水浸入果袋内和防止果袋被风吹落。不要将捆扎丝缠在果柄或果苔枝上。套袋顺序为自上而下、先里后外。果袋涂有农药，套袋结束后应及时洗手。

（二）除袋时期及方法

除袋时期依育果袋种类、苹果品种、成熟期和气候条件不同而有较大差别。在山东产区红色品种使用双层纸袋的，于果实采收前30~35天，先除外袋，外袋除去后经4~7个晴天再除去内袋；红色品种使用单层纸袋的，于采收前30天左右，将袋体撕开呈伞形，罩于果上防止日光直射果面，过7~10天后将全袋除去；黄绿色品种的单层纸袋，可在采收时除袋。黄土高原中南部地区红富士苹果适宜在9月24日至10月10日除外袋，采前 7~9 天除内袋。在河北产区双层育果袋应在果实采收前 1 个月除外袋，4~7 天后除内袋。除袋早，果实的可溶性固形物含量高，果实总酸含量和硬度较低，但着色重、颜色发暗（俗称上色老）、鲜艳度差、果点大、果面不洁净；除袋较晚，果面鲜艳，果实总酸含量和硬度较高，但不利于糖类物质积累，可溶性固形物含量低；摘袋早晚对病虫果率和日灼病率无明显差别。研究认为阴天果实除袋可以全天进行，这与目前生产中推荐的做法相吻合。

三、果实增色

（一）摘叶

需直射光着色的红色品种如红富士等，于摘袋后 3~5 天进行摘叶，先摘除果实附近 5 厘米范围内影响果实光照的老叶、小叶、薄叶（保留叶柄）；3~5 天后摘除果实周围 10 厘米左右的遮光叶片。摘叶前剪除直立枝、徒长枝及密生枝，以改善光照条件。

（二）转果

转果主要是为了使果实着色更加均匀。果实摘袋后，经 5~6 个晴天，果实阳面充分着色后，将果实旋转 180°，使阴面转为阳面，几天后果面便可全面着色。

（三）铺反光膜

铺反光膜主要是为了使果实萼洼部分、树冠中下部和树冠北部的果实能够充分受光着色。在果实着色期，顺行间方向修整树盘，在树盘的中外部覆盖银色反光膜，反光膜外缘与树冠外缘平齐，固定四周。每亩用反光膜 400 米² 左右，注意保持膜上清洁。采果前，清理掉膜上杂物，小心揭起，洗后晾干，备翌年再用。

（四）贴字（画）

为了进一步提高果实商品价值，还可于摘袋后在果面上贴字或贴画，利用遮光处不能着色的原理在果面上晒字或晒画，以进一步提高果实销售经济效益。

第七章　苹果树病虫害绿色防控技术

第一节　绿色综合防控的原则和技术

苹果树病虫害绿色防控是指在苹果树种植过程中，采取一系列环保、高效、可持续的措施来预防和控制病虫害的发生和扩散，以减少化学农药的使用，保护生态环境和人类健康。

一、绿色综合防控的原则

苹果树病虫害绿色防控，应坚持技术配套、减药增效、提质降本、确保安全的原则。

（一）技术配套

技术配套强调的是在病虫害防治过程中，要综合运用多种技术手段，形成一套完整的防控体系。包括健康栽培、生态调控、免疫诱抗、理化诱控等。通过技术的集成应用，可以更有效地控制病虫危害，提高防治效果。

（二）减药增效

减药增效旨在减少化学农药的使用量，同时提高防治效果。通过选用高效的化学药剂，并按需、适时、精准用药，可以在减少农药使用的同时，保持甚至提高病虫害的防治效果。这既有利于降低农药对环境和果品的污染，也有利于节约用药成本。

（三）提质降本

提质降本关注的是在提高苹果品质的同时，降低生产成本。通过采用科学的肥水管理、合理负载等措施，可以培养健壮的树势，提高果树的抗病能力，从而减少病虫害的发生。这不仅可以提高苹果的产量和品质，还可以降低因病虫害造成的损失和防治成本。

（四）确保安全

在病虫害防治过程中，确保果品的安全是至关重要的。这一原则要求在选择防治方法和药剂时，要充分考虑其对果品和环境的安全性。优先选用低毒、低残留的农药品种，并严格遵守农药使用的安全间隔期等规定，以确保果品的质量和安全。

二、绿色综合防控的基本技术

（一）健康栽培

健康栽培是通过科学的栽培管理措施，如科学肥水管理、合理负载、规范树形等，来增强果树的自身抗病虫害能力，从而减少病虫害的发生。根据果树生育期分阶段均衡施肥，总的原则增施有机肥和生物菌肥，减氮、稳磷、补钾，适量补充中微量元素。秋季全园施足基肥，以有机肥为主，适当配比生物菌肥或土壤改良剂+中微量元素+部分速效化肥，施肥量占全年的60%~70%。疏花疏果，合理负载，规范整理树形，及时保护剪锯口。苹果采收后，及时落实"剪、刮、涂、清、翻"技术。修剪枝残体、病残体应及时清运远离果园，集中堆放并覆盖，压低病虫源基数。

（二）生态调控

生态调控是通过优化果园生态环境来增强苹果树的自然抵抗力。果树行间种植三叶草、毛苕子、苜蓿等豆科或鼠茅、旱熟禾等禾本科草本植物；或行间蓄留狗尾草、牛筋草、蒲公英等浅根性自然杂草；果园四周种植油菜、乌豆等作物，或金盏菊等其他显花蜜源植物。生（蓄）草高度超过 30 厘米应及时刈割，留茬 5～10 厘米，割下的草覆在树盘下，随秋施基肥深埋入地下。

（三）免疫诱抗

免疫诱抗是通过植物生长调节剂、生物刺激素等物质，提高苹果树的抗病虫能力。苹果树开花前、落花后、幼果期和果实膨大期，选用几丁聚糖、氨基寡糖素、寡糖·链蛋白等免疫诱抗剂，叶面喷施 3～4 次。

（四）理化诱控

1. 性信息素诱杀

果树开花前后，悬挂相应性诱捕器诱杀金纹细蛾、苹小卷叶蛾、桃小食心虫等害虫。每亩 5～8 个，悬挂于树冠外中部，距地面高度约 1.5 米，相邻诱捕器间隔 15～20 米，连片使用时果园外围布置密度适当高于内圈和中心，及时更换诱芯和粘板。

2. 糖醋液诱杀

果园周边均匀放置糖醋液诱杀盆（瓶），相邻诱杀盆（瓶）间隔 10～15 米，诱杀金龟甲等害虫。

3. 捆绑诱虫带

害虫下树越冬前，在果树第一分枝下 10～20 厘米处树干绑扎诱虫带，或固定在其他大枝基部 5～10 厘米处，诱集害虫在其中越冬。翌年早春害虫出蛰前解除诱虫带集中处理。

4. 灯光诱杀

金龟甲发生重的果园，果树开花前，按照 20～30 亩 1 台灯的间距安装杀虫灯，果园外围适当多些，杀虫灯接虫口距离树冠上部 50～60 厘米，于成虫发生期（一般是开花期和果实膨大初期），每天傍晚开灯诱杀。

（五）天敌防治

根据果品生产目标，有机果品生产果园可人工释放捕食螨或赤眼蜂等天敌产品控制害螨、卷叶蛾等害虫。

1. 释放捕食螨

释放前 2 周，采用阿维菌素、多抗霉素等选择性药剂，全园细致喷雾 1 次。果园生草或蓄草。一般于 6 月初越冬代叶螨雌成螨还处于内膛集中阶段时，平均单叶害螨（包括卵）量小于 2 只时释放。选择傍晚或阴天，将装有捕食螨的包装袋用图钉钉在每棵果树的第一枝干交叉处背阴面，每株 1 袋。挂螨后 1 个月内果园禁止使用杀螨剂，同时选用对捕食螨影响最小的杀虫剂、杀菌剂防治其他病虫害。

2. 释放赤眼蜂

于卷叶蛾越冬代成虫产卵初期开始第一次放蜂。将蜂卡固定在果树树冠外围小枝上，避免阳光直接照射蜂卡。每亩均匀设置 8~12 个点。每代每亩释放总量 3 万~4 万头，分 2 次投放，间隔 3~5 天。清晨 5—7 时或傍晚 16—18 时释放最佳。

（六）科学用药

1. 萌芽前

全园喷施 1 次石硫合剂进行清园。

2. 开花前

开花前 10~15 天，优先选用生物药剂，对症选用对蜜蜂低毒、残效期较短的治疗性杀菌剂和触杀性、渗透性强的杀虫剂各 1 种，最后加入免疫诱抗剂，混合后叶面喷雾。蜜蜂授粉果园禁止使用对蜜蜂杀伤力强的氟硅唑、阿维菌素、甲氨基阿维菌素苯甲酸盐、氯氟氰菊酯、甲氰菊酯，新烟碱类如吡虫啉、噻虫嗪等药剂。刮除腐烂病病斑，并选用甲基硫菌灵糊剂或噻霉酮涂抹剂涂抹病处，超过树干 1/4 的大病斑及时桥接复壮。

3. 落花后

落花后 7~10 天，采用代森锰锌+甲氨基阿维菌素苯甲酸盐+哒螨灵或吡唑醚菌酯+氟啶虫酰胺+噻螨酮药剂组合，白粉病发生重的果园加入四氟醚唑，按推荐用量叶面喷雾。如花期遇雨，防治时间提前至落花 80% 时施药，并加入多抗霉素，预防霉心病。

4. 套袋前

保护性和治疗性杀菌剂并用，确保无病虫入袋。可选代森锰锌+苯醚甲环唑+阿维菌素或氯氟·吡虫啉+噁酮·锰锌等叶面喷雾，尽量选用水分散粒剂、悬浮剂等水性化剂型。

5. 套袋后至果实膨大期

根据病虫害发生和降雨情况，对症选用丙森锌+戊唑醇+唑螨酯、代森锰锌+多抗霉素+高效氯氰菊酯+螺螨酯等组合，最后加入氨基寡糖素，混配后叶面喷雾 2~3 次。降雨多时单独喷施 1 次倍量式或等量式波尔多液，防治早期落叶病。预防腐烂病、轮纹病等枝干病害，刮除主干和大枝粗老翘皮后，选用戊唑醇或苯醚甲环唑等药剂 200~300 倍液喷淋或涂刷主干大枝 2 次，间隔 10~15 天。

6. 果实采收后

选用长持效杀虫剂与广谱性杀菌剂组合全树喷雾，压低越冬病虫源基数。秋末冬初果树落叶后，对当年的新发小病斑刮除表面溃疡后，用 3% 甲基硫菌灵糊剂原膏或 20% 丁香菌酯悬浮剂 100~150 倍涂抹病斑，并结合冬前药剂清园全树喷雾，防止病害进一步扩展。

第二节　苹果树常见病害防治技术

一、腐烂病

（一）病害特征

与干腐病相似，腐烂病主要危害主干、主枝，也可危害侧枝、辅养枝及小枝，严重时还可侵害果实。

腐烂病的主要症状特点为受害部位皮层腐烂，腐烂皮层有酒糟味，后期病斑表面散生小黑点（病菌子座），潮湿条件下小黑点上可冒出黄色丝状物（孢子角）。在枝干上，根据病斑发生特点分为溃疡型和枝枯型2种类型病斑。

果实受害，多为果枝发病后扩展到果实上所致。病斑红褐色，圆形或不规则形，常有同心轮纹，边缘清晰，病组织软烂，略有酒糟味。后期，病斑上也可产生小黑点及冒出黄丝，但比较少见（图7-1～图7-4）。

图7-1　病斑呈红褐色腐烂　　　　　图7-2　病枝上产生小黑点

图 7-3　病株上的小枝枯死　　　　图 7-4　腐烂病在果实上的危害状

（二）发生规律

腐烂病是一种高等真菌性病害，病菌主要以菌丝、子座及孢子盘在田间病株、病斑及病残体上越冬，属于苹果树上的习居菌。病斑上的越冬病菌可产生大量病菌孢子（黄色丝状物），主要通过风雨传播，从各种伤口侵染危害，尤其是带有死亡或衰弱组织的伤口易受侵害，如剪口、锯口、虫伤、冻伤、日灼伤及愈合不良的伤口等。病菌侵染后，当树势强壮时处于潜伏状态，病菌在无病枝干上潜伏，当树体抗病力降低时，潜伏病菌开始扩展危害，逐渐形成病斑。在果园内，腐烂病发生每年有 2 个危害高峰期，即春季高峰和秋季高峰。

（三）防治方法

腐烂病的防治以壮树防病为中心，以铲除树体潜伏病菌为重点，结合及时治疗病斑、减少和保护伤口、促进树势恢复等为基础。

1. 加强栽培管理，提高树体的抗病能力

科学定果、科学施肥（增施有机肥及农家肥，避免偏施氮肥，按比例施用氮、磷、钾、钙等速效化肥）、科学灌水（秋后控制灌水，减少冻害发生；春季及时灌水，抑制春季高峰）及保叶促根，以增强树势、提高树体抗病能力，是防治腐烂病的最根本措施。

2. 铲除带菌树体，减少潜伏侵染

落皮层、皮下干斑及湿润坏死斑、病斑周围的干斑、树杈夹角皮下的褐色坏死点及各种伤口周围等，都是腐烂病菌潜伏的主要场所。及早铲除这些潜伏病菌，对控制腐烂病危害效果显著。

3. 及时治疗病斑

病斑治疗是避免死枝、死树的主要措施，目前生产上常用的治疗方法主要有刮治法、割治法和包泥法。病斑治疗的最佳时间为春季高峰期内，该阶段病斑既软又明显，易于操作；但总体而言，应立足于及时发现、及时治疗，治早、治小。

4. 其他措施

及时防治造成苹果早期落叶的病害及害虫。冬前树干涂白，防止发生冻害，降低春季树体局部增温效应，控制腐烂病春季高峰期的危害。效果较好的涂白剂配方为桐油或酚醛：水玻璃：白土：水＝1∶（2~3）∶（2~3）∶（3~5）。先将前2种试剂配成Ⅰ液，再将后两种试剂配成Ⅱ液，然后将Ⅱ液倒入Ⅰ液中，边倒边搅拌，混合均匀即成。

二、白粉病

（一）病害特征

白粉病可危害叶片、新梢、花朵、幼果和休眠芽。

受害的休眠芽外形瘦长，顶端尖细，芽鳞松散，有时不能合拢。病芽表面茸毛较少，呈灰褐色至暗褐色。受害严重时，干枯死亡。春季病芽萌发后，叶丛较正常的细弱，生长迟缓，不易展开，长出的新叶略带紫褐色，皱缩畸形，叶背有疏散白粉。随着新梢的生长和病叶的长大，叶背面的白粉层更为明显，并蔓延到叶片的正背面。同时，病叶较健叶狭长，叶缘常有波状皱褶，叶面不平展，后期叶缘往往焦枯坏死，呈黄褐色。生长期受感染的叶片，背面形成白粉状斑块，叶片正面色发黄，深浅不均，叶面皱缩，呈不平展状态。

花芽受害，严重者春天花蕾不能开放，萎缩枯死。受害轻的能开花，但萼片和花梗成为畸形，花瓣狭长，色淡绿。受害花的雌、雄蕊失去作用，不能授粉坐果，最后干枯死亡。

新梢感病后，病部表层覆盖1层白粉，节间短，长势细弱，生长缓慢。以后病梢上的叶片大多干枯脱落，仅留下顶部的少数幼嫩新叶。受害严重时，病梢部位变褐枯死。初夏以后，白粉层脱落，病梢表面显出银灰色。有些年份和地区，病梢的叶腋、叶柄和叶背主脉附近，产生蝇粪状小黑点。此为病菌的闭囊壳。

果实发病，多从幼果期开始，在萼洼或梗洼部位产生白色粉斑，不久变成不规整网状锈斑。病斑表皮硬化，后期可形成裂纹或裂口（图7-5~图7-6）。

图7-5 白粉病叶片受害状

图7-6 白粉病嫩梢受害状

（二）发生规律

苹果白粉病菌以休眠菌丝，在芽的鳞片间或鳞片内越冬。枝条的顶芽带菌率明显高于侧芽，第一侧芽又高于第二侧芽，至第四侧芽往下的芽，基本不再受害。秋梢的带菌率明显高于春梢。短果枝、中果枝和发育枝的带菌率，依次递减。在芽的形成过程中，病菌通过病叶及病梢上的菌丝和分生孢子，在芽的外部鳞片未合拢包封之前，侵入芽内。在陕西关中地区，从4月至9月上旬，芽陆续遭受侵染，其中以5月下旬至6月上旬侵染最多。白粉病每年春季、秋季有2次发病高峰。夏季，因高温而暂停发病。春季温暖干旱，有利于前期发病；秋季凉爽，有利于后期发病。栽植密度大，树冠郁闭，通风透光不良，偏施氮肥，枝条纤弱的果园发病重。修剪时枝条不打头，长放，保留大量越冬病芽的发病重。品种与发病关系密切，老品种倭锦、红玉、柳玉、国光和金冠等发病重；元帅、新红星和秦冠等发病轻。品种的抗病性高低，与叶片表皮细胞壁厚度及角质层厚度无关，而与叶片中的多酚氧化酶活性成正相关，与过氧化氢酶活性成负相关。感病品种叶片中总含氮量比抗病品种的高，而非蛋白氮的含量则较低。

（三）防治方法

1. 清除病源

冬剪时，尽量剪除病芽和病梢，减少越冬菌源。在花芽现蕾期，结合复剪，剪除病叶丛，带出园外烧掉。

2. 加强栽培管理

合理密植，疏除树冠内的过密枝。多施有机肥和磷肥、钾肥，避免偏施氮肥，增强苹果树的抗病能力。及时回缩、更新下垂枝和细弱延长枝，保持树体健壮。

3. 化学防治

苹果花芽露出 1 厘米左右长，即嫩叶尚未展开时，喷洒 45% 硫磺悬浮剂 200 倍液或 15% 三唑酮可湿性粉剂 1 500 倍液。落花 70% 和落花后 10 天时，再喷 1 次 15% 三唑酮可湿性粉剂 1 500 倍液，12.5% 烯唑醇可湿性粉剂 2 000~2 500 倍液，6% 嘧啶核苷类抗菌素水剂 1 000~1 500 倍液，40% 氟硅唑乳油 8 000 倍液，70% 甲基硫菌灵可湿性粉剂 800 倍液或 0.3~0.5 波美度石硫合剂等药液。

三、褐斑病

（一）病害特征

褐斑病主要危害叶片，造成早期落叶，有时也可危害果实。叶片发病后的主要症状特点是病斑中部褐色，边缘绿色，外围变黄，病斑上产生许多小黑点，病叶极易脱落。

褐斑病在叶片上的症状特点可分为 3 种类型：

（1）针芒型。病斑小，数量多，呈针芒放射状向外扩展，没有明显边缘，无固定形状，小黑点呈放射状排列或排列不规则。

（2）同心轮纹型。病斑近圆形，较大，直径 6~12 毫米，边缘清楚，病斑上小黑点排列成近轮纹状。

（3）混合型。病斑大，近圆形或不规则形，中部小黑点呈近轮纹状排列或散生，边缘有放射状褐色条纹或放射状排列的小黑点。

果实多在近成熟期受害，病斑圆形，褐色至黑褐色，直径 6~12 毫米，中部凹陷，表面散生小黑点，仅果实表层及浅层果肉受害，病果肉呈褐色海绵状干腐，有时病斑表面发生开裂（图 7-7~图 7-10）。

图7-7　叶片针芒型病斑

图7-8　叶片同心轮纹型病斑

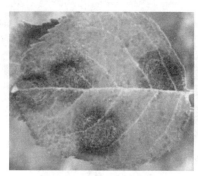

图7-9　叶片混合型病斑

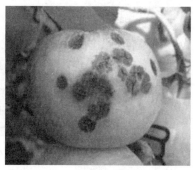

图7-10　褐斑病果实受害状

（二）发生规律

褐斑病是一种高等真菌性病害，病菌主要以菌丝体在病落叶中越冬。第二年越冬病菌产生大量病菌孢子，通过风雨（雨滴反溅最为重要）进行传播，直接侵染叶片危害。树冠下部和内膛叶片最先发病，然后逐渐向上及向外围蔓延。该病潜育期短，一般为6～12天（随气温升高潜育期缩短），在果园内有多次再侵染。褐斑病发生轻重，主要取决于降雨，尤其是5—6月的降雨情况，雨多、雨早病重，干旱年份病轻。另外，弱树、弱枝病重，壮树病轻；树冠郁闭病重，通风透光病轻；管理粗放果园病害发生早且重。多数苹果产区，6月上中旬开始发病，7—9月为发病盛期。降雨多、防治不及时，7月中下旬即开始落叶，8月中旬即可落去大半，8月下旬至9月初叶片落光，导致树体发二次芽、长二次叶。

（三）防治方法

1. 做好果园卫生

落叶后至发芽前，先树上、后树下彻底清除病落叶，中深埋或销毁，并在发芽前翻耕果园土壤，促进残碎病叶腐烂分解，铲除病菌越冬场所。

2. 加强栽培管理

增施肥水，合理保留结果量，可促使树势健壮，提高树体抗病能力。科学修剪，特别是及时进行夏剪，使树体及果园通风透光，降低园内湿度，控制病害发生。土壤黏重或地下水位高的果园要注意排水，保持适宜的土壤含水量。

3. 化学防治

化学防治的关键是首次喷药时间，应掌握在历年发病前10天左右开始喷药。第一次喷药一般应在5月底至6月上旬进行，以后每10~15天喷药1次，一般年份需喷药3~5次。对套袋苹果，一般为套袋前喷药1次，套袋后喷药2~4次。在多雨年份或地区还要增喷1~2次。效果较好的内吸治疗性杀菌剂有30%戊唑·多菌灵悬浮剂1 000~1 200倍液、70%甲基硫菌灵可湿性粉剂或500克/升甲基硫菌灵悬浮剂800~1 000倍液、25%戊唑醇水乳剂或25%戊唑醇乳油2 000~2 500倍液、10%苯醚甲环唑水分散粒剂1 500~2 000倍液、10%己唑醇乳油或10%己唑醇悬浮剂2 000~2 500倍液、500克/升多菌灵悬浮剂1 000~1 200倍液、50%多菌灵可湿性粉剂600~800倍液、60%铜钙·多菌灵可湿性粉剂600~800倍液等。效果较好的保护性杀菌剂有80%代森锰锌可湿性粉剂 800~1 000 倍液、50% 克菌丹可湿性粉剂 600~800 倍液、77% 硫酸铜钙可湿性粉剂 600~800 倍液及 1:（2~3）:（200~240）倍波尔多液等。具体喷药时,第一次药建议选用内吸治疗性药剂,以后保护性药剂与内吸治疗性药剂交替使用。

四、褐腐病

苹果褐腐病,是果实成熟期和储藏期常见的病害。各苹果产区均有发生,其中以秋雨较多的地区和年份发病较重。

（一）病害特征

苹果褐腐病仅危害果实。果实在近成熟期开始发病,在果面上多以伤口为中心,形成褐色浸渍状腐烂病斑。随着病斑的扩大,以病斑为中心,开始长出绒球状菌丝团。菌丝团黄褐色至灰褐色,一圈一圈地呈轮纹状排列。菌丝团上覆盖的粉状物为病菌的子实体。在条件适宜下,病斑很快扩展到全部果面,造成腐烂。病果质地较硬,具有弹性,略带土腥味。病果失水后,表面皱缩,变成黑色僵果。果实在储藏期发病时,因见不到阳光,故病果表面不长出绒球状子实体（图 7-11~图 7-12）。

图 7-11 表面散生的绒球状菌丝团　　图 7-12 褐色浸渍状腐烂病斑

（二）发生规律

苹果褐腐病病菌在病僵果中越冬，第二年产生分生孢子，随风雨传播，经伤口和皮孔侵入果实，在果实近成熟期和储藏期发病。储藏期病果上的病菌可侵害相邻果实，使其发病。

秋季多雨、高温时，发病较重。

（三）防治方法

（1）清除树上、树下的病僵果，予以集中深埋，以减少菌源。

（2）防止果实裂口及其他病虫伤。采收、运输和储藏时，应尽量减少伤口，以防止病菌侵染。

（3）在果实近成熟期，喷50%多菌灵可湿性粉剂600~800倍液，或70%甲基硫菌灵可湿性粉剂800~1 000倍液。

五、干腐病

苹果树干腐病是危害苹果枝干和果实的重要病害，也是栽植成活率低和幼树死树的重要原因。该病害主要分布在山东、河北、山西、陕西和辽宁等地区的苹果产地。

（一）病害特征

在枝干上，主要形成溃疡型和枝枯型2种症状类型。

1. 溃疡型

发病初期，多在树干或主枝基部容易被太阳光直接照射部位的树皮上，渗出黑水或黑色黏稠状液体，呈片状或油滴状黏着在树体表面。用刀刮削病部树皮，呈现出暗褐色或紫褐色，形状不规整，湿润，质地较硬，削面上有清晰白色木质纤维，一般没烂到木质部。病部失水后，树皮干缩凹陷，外表变成黑褐色，周边开裂，常翘起、脱落。发生严重时，许多病斑相互连接，造成浅层树皮大片坏死，局部病皮可烂到木质部，树势明显削弱。发病后期，病皮表面密生黑色小粒点（图7-13）。

图7-13　溃疡型症状

2. 枝枯型

衰老树的大枝或一般树上的弱枝发生干腐病，常表现为枝枯型症状。树皮上的病斑呈紫褐色，不往外渗出黑褐色黏液，而是树皮成片枯死，扩展迅速，深达木质部。有时大枝锯口下部一侧的树皮上下常成条状坏死，后期失水凹陷，病健树皮交界处开裂。小枝发病，树皮变成黑褐色，干硬，边缘不明显，形状不规整，发展很快，烂一圈后枝条枯死（图7-14）。果实受害，常形成轮纹状腐烂。

图7-14　枝枯型症状

（二）发生规律

病菌以菌丝、分生孢子器和子囊壳在病部越冬。越冬后的菌丝体恢复活动，于春季干旱时继续扩展发病。分生孢子器成熟后，遇水或空气潮湿树皮结水时，涌出分生孢子。子囊孢子成熟后，从孢子器开口处弹射放出。病菌孢子随风雨传播，经树皮伤口、皮孔和死芽等部位侵入。在辽宁的苹果产区，从5月中旬至11月均能发病，其中以5月下旬至6月中旬雨季来临前发病最重，7—8月进入雨季，发病明显减少，8月下旬后秋季开始干旱，发病再次增多，10月上中旬发病很少，11月发病结束。近些年随着气候变暖，在前一年秋雨很少、冬季降雪少、春天干旱和气温回升快的情况下，开始发病期大为提前。阳面山坡地的苹果树，2月下旬即开始发病，树干上渗出黑水，3月就开始大量发病。

（三）防治方法

1. 喷药预防

春季果树发芽前，喷洒铲除性杀菌剂，预防发病。用药种类、浓度同腐烂病的药剂预防方法，两者可以互相兼治。

2. 清除病源

及时剪除树上病枯枝，集中烧毁。冬剪下来的枝条，应运出果园外，在雨季来临前烧完。不要用剪下来的苹果枝做果园的篱笆墙（障子），以防枝条干枯后，形成大量的分生孢子器产生分生孢子，对苹果树造成侵染。

3. 及时刮治

大树发病，多限于树皮表层，宜采取片削方法去掉病皮，以防病斑不断扩大。也可采取划道办法，用切接刀尖沿病皮上下纵向划道，深度达病皮下的活树皮，划道之间相距 0.5 厘米左右，周围超过病皮边缘 2~3 厘米。刮治或划道后，病部充分涂 10%

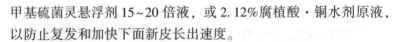

甲基硫菌灵悬浮剂 15~20 倍液，或 2.12%腐植酸·铜水剂原液，以防止复发和加快下面新皮长出速度。

4. 预防新栽幼树发生干腐病

栽树时注意选壮苗，剔除病苗和根系不好的劣等苗。栽植时，树坑要大一些，并施足底肥。栽苗后，要灌足水，缩短缓苗期，促进根系早发。栽植深度以嫁接口与地面相平为宜。秋季应加强对大青叶蝉的防治，防止它在大枝条上产卵造成伤口，避免冬季、春季从伤口处大量散失水分，从而减少干腐病的发生。

六、斑点落叶病

苹果斑点落叶病，主要危害苹果叶片，是主栽品种新红星等元帅系的重要病害。

（一）病害特征

春季，苹果落花后不久，在新梢的嫩叶上产生褐色至深褐色圆形斑，直径 2~3 毫米。病斑周围常有紫色晕圈，边缘清晰。随着气温的上升，病斑可扩大到 5~6 毫米，呈深褐色，有时数个病斑融合，成为不规则形状。空气潮湿时，病斑背面产生黑绿色至暗黑色霉状物，为病菌的分生孢子梗和分生孢子。中后期病斑常被叶点霉真菌等腐生，变为灰白色，中间长出小黑点，为腐生菌的分生孢子器。有些病斑脱落，穿孔。夏季、秋季高温高湿，病菌繁殖量大，发病周期缩短，秋梢部位叶片病斑迅速增多，1 片病叶上常有病斑一二十个，影响叶片正常生长，常造成叶片扭曲和皱缩，病部焦枯，易被风吹断，残缺不全。叶柄受害后，产生圆形至长椭圆形病斑，直径为 3~5 毫米，褐色至红褐色，稍凹陷，叶柄易从病斑处折断，造成叶片脱落（图 7-15~图7-16）。

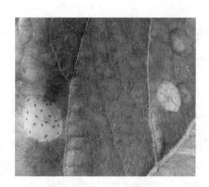

图 7-15　叶片病斑

图 7-16　大量叶片危害状

（二）发生规律

苹果斑点落叶病菌以菌丝形态，在受害叶片、枝条的病斑上，以及秋梢顶芽芽鳞中越冬。田间苹果树发病表现为，5月上中旬，树上新叶即开始出现病斑。6月上中旬，发病进入急增期，重病园病叶率可达 20% 左右，每叶平均病斑 1 个左右。6月下旬至 7 月上中旬，病叶上开始大量产生分生孢子，又值秋梢开始迅速生长期，不断长出嫩叶，病害进入发病盛期，平均每叶病斑达 5 个以上，发病重的叶片开始落叶。同时，病菌反复进行再侵染，使秋梢不断发病。至 8 月中下旬，仍处于发病盛期，病叶不断脱落，重者仅剩秋梢顶端刚长出的几片新叶和基部春梢上的一些老叶。

（三）防治方法

1. 清除病源

秋季苹果树落叶后至春季果树展叶前，仔细清扫园内病落叶，予以集中烧毁。结合冬季修剪和夏季修剪，剪除树上的内膛徒长枝，以清除枝条上的病斑和病斑过多的病叶，降低园内病原菌密度。

2. 加强栽培管理

按栽培要求，合理修剪和施肥，可保持果园通风透光良好，降低树冠内湿度，减少叶面结水时间，同时保持树势健壮，提高树体抗落叶的能力。

3. 化学防治

根据病害的发生规律，对主栽的新红星等极易感染斑点落叶病品种，应在落花后 10 多天平均病叶率达 5%时，用专用药剂进行第一次喷洒。当春梢病叶率平均在 20%~30%时，再喷 1 次专用药剂。在秋梢阶段，病叶率达到 50%和 70%左右时，再喷专用药剂。其他时间，结合防治果实轮纹病和叶上褐斑病，进行兼治。常用专用药剂种类及用药浓度为 10%多抗霉素可湿性粉剂1 000~1 500 倍液，3%多抗霉素可湿性粉剂 300~500 倍液，50%异菌脲可湿性粉剂1 000~1 500 倍液。

七、锈病

（一）病害特征

锈病主要危害叶片，也可危害果实、叶柄、果柄及新梢等绿色幼嫩组织。发病后的主要症状特点是病部橙黄色，组织肥厚肿胀，表面初生黄色小点（性子器），后渐变为黑色，后期病斑上产生淡黄褐色的长毛状物（锈子器）。

叶片受害，先在叶片正面产生有光泽的橙黄色小斑点，后病斑逐渐扩大，形成近圆形的橙黄色肿胀病斑，叶背面逐渐隆起，叶片正面外围呈现黄绿色或红褐色晕圈，表面产生橘黄色小粒点，并分泌黄褐色黏液；稍后黏液干涸，小粒点变为黑色；病斑逐渐肥厚，两面进一步隆起；最后，病斑背面丛生出许多淡黄褐色长毛状物。叶片上病斑多时，病叶扭曲畸形，易变黄早落。

果实受害，症状表现及发展过程与叶片相似，初期病斑组织呈橘黄色肿胀，逐渐在肿胀组织表面产生颜色稍深的橘黄色小点，渐变黑色，后期在小黑点旁边产生黄色长毛状物。新梢、果柄、叶柄也可受害，症状表现与果实相似，但多为纺锤形病斑（图7-17～图7-20）。

图7-17　病叶早期症状

图7-18　病叶中期症状

图7-19　果实发病早期症状

图7-20　果实发病后期症状

（二）发生规律

锈病是一种转主寄生型高等真菌性病害，其转主寄主主要为圆柏。圆柏受害，主要在小枝上产生黄褐色至褐色的瘤状菌瘿

（冬孢子角）。病菌以菌丝体或冬孢子角在转主寄主上越冬。翌年春季，阴雨后越冬菌瘿萌发，产生冬孢子角及冬孢子，冬孢子再萌发产生担孢子，担孢子经气流传播到苹果幼嫩组织上，从气孔侵染危害叶片、果实等绿色幼嫩组织，导致受害部位逐渐发病。苹果组织发病后，先产生性孢子器（橘黄色小点）及性孢子，再产生锈孢子器（黄褐色长毛状物）及锈孢子，锈孢子经气流传播侵染圆柏，并在圆柏上越冬。该病没有再侵染，1 年只发生 1 次（图 7-21~图 7-22）。

图 7-21 圆柏树上苹果锈病菌冬孢子角雨后吸湿膨大呈胶质花瓣状　　图 7-22 圆柏树上苹果锈病菌瘿春季露出冬孢子角

锈病是否发生及发生轻重与圆柏远近及多少密切相关，若苹果园周围 5 千米内没有圆柏，则不会发生锈病。在有圆柏的前提下，苹果开花前后降雨情况是影响病害发生的决定因素，阴雨潮湿则病害发生较重。

（三）防治方法

1. 消灭或减少病菌来源

彻底砍除果园周围 5 千米内的圆柏，是有效防治苹果锈病的最根本措施。在不能砍除圆柏的园区，可在苹果萌芽前剪除在圆柏上越冬的菌瘿；也可在苹果树发芽前于圆柏上喷洒 1 次 77% 硫酸铜钙可湿性粉剂 300～400 倍液、30%戊唑·多菌灵悬浮剂400～600 倍液、3～5 波美度石硫合剂或 45%石硫合剂结晶 30～50倍液，杀灭越冬病菌。

2. 喷药保护苹果

历年锈病发生较重的果园，在苹果展叶至开花前、落花后及落花后 15 天左右各喷药 1 次，即可有效控制锈病的发生危害。常用有效药剂有 30%戊唑·多菌灵悬浮剂 1 000～1 200 倍液、25%戊唑醇水乳剂 2 000～2 500 倍液、40%腈菌唑可湿性粉剂6 000～8 000 倍液、10%苯醚甲环唑水分散粒剂 2 000～3 000 倍液、12.5%烯唑醇可湿性粉剂 2 000～2 500 倍液、70%甲基硫菌灵可湿性粉剂或 500 克/升甲基硫菌灵悬浮剂 800～1 000 倍液、500 克/升多菌灵悬浮剂 600～800 倍液、80%代森锰锌可湿性粉剂 800～1 000 倍液、50%克菌丹可湿性粉剂 600～800 倍液等。

3. 喷药保护圆柏

不能砍除圆柏的地区，应对圆柏进行喷药保护。从苹果叶片背面产生黄褐色毛状物开始在圆柏上喷药，10～15 天后再喷洒 1 次，即可基本控制圆柏受害。有效药剂同保护苹果用药。若在药液中加入石蜡油类或有机硅类等农药助剂，可显著提高喷药防治效果。

八、炭疽病

苹果炭疽病，又称苹果苦腐病。在全国各苹果产区均有发生，尤其是夏季高温、多雨、潮湿的地区和年份，发病更为严重。

（一）病害特征

苹果炭疽病主要危害果实。果实发病初期，在果面上产生针头大小的淡褐色小斑点，圆形、边缘清晰。然后，逐渐扩大成褐色或深褐色病斑，病斑表面凹陷。病果肉茶褐色，软腐，微带苦味，从果面往果肉里呈圆锥状腐烂，与好果肉之间界限明显。当病斑直径达到 1~2 厘米时，其表皮中间开始产生黑色长条形的突起小粒点，呈同心轮纹状排列。此为病菌的分生孢子盘。1 个病果上的病斑数目不等，从二三个到数十个，但只有少数病斑扩大，其他病斑仅限于 1~2 毫米大小，呈褐色至暗褐色凹陷干斑。继续扩大的病斑可腐烂到果面的 1/3~1/2，几个病斑相连后使全果腐烂。病斑失水后，染病苹果变成僵果，落地或挂在树上（图 7-23~图 7-24）。

 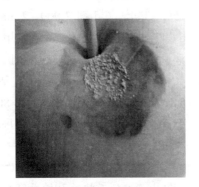

图 7-23　同心轮纹状病斑　　　　图 7-24　褐色凹陷病斑

（二）发生规律

病菌以菌丝形态在病枯枝、小僵果、死果台及潜皮蛾等危害枝上越冬，也可在果园周围刺槐等防风林上越冬。翌年生长季节，温度、湿度适宜时，开始产生分生孢子，借雨水和昆虫传播，成为初侵染来源。分生孢子萌发产生芽管，形成附着胞，经皮孔或表皮直接侵入果实幼嫩组织。在适宜条件下，分生孢子接触果面后，经 5~10 小时，可完成侵入过程。在北方苹果区，苹果坐果后（5 月中下旬），病菌即开始侵染，果实迅速膨大期（6—7 月）为侵染盛期，8 月以后侵染较少。在河南、安徽和江苏等中部果区，5 月上旬苹果幼果即开始被侵染，条件适宜时很快进入侵染盛期。苹果炭疽病菌具有潜伏侵染的特点，侵入后病菌处于潜伏状态，在果实生长后期才开始发病。在北方果区，一般从7月中旬开始发病，8月中下旬进入发病盛期。中部黄河故道果区，6月中下旬开始发病，7月底至8月初进入发病盛期。发病较早的病果，在田间可产生分生孢子，进行再侵染。

高温多雨，是此病害发生和流行的重要条件。果实生长前期温度高，雨水多，空气湿度大，有利于病菌孢子的形成、传播和侵入；7—8月，高温多雨，有利于病斑的扩展和病菌的再侵染。

地势低洼、排水不良、树冠郁闭、树上干枯枝和病僵果多的果园发病重。否则发病轻。品种间发病差异明显，老品种国光、赤阳、大国光和红玉等发病重；新红星、元帅、富士、乔纳金和金冠等发病轻。

（三）防治方法

1. 农业防治

结合修剪，认真剪除树上的病僵果、死果和病枯枝。在夏季、秋季，及时摘除树上的发病果，防止病菌再侵染。避免用刺槐做果园防风林，以减少病菌来源。

2. 化学防治

春季果树发芽前，对全树喷1次铲除性杀菌剂。在生长期，从幼果期开始喷药，对感病品种每隔15~20天喷1次药。至8月中旬，喷药结束。对发病轻的品种，可适当减少喷药次数，一般结合防治果实轮纹病进行兼治，不用再另外喷药。发芽前的铲除性杀菌剂，常用的有10%甲基硫菌灵悬浮剂100~150倍液、3~5波美度石硫合剂。一般都结合防治枝干轮纹病、腐烂病和干腐病等枝干病害，进行兼治。

生长期喷药，为防止幼果期出现药害，可与防治果实轮纹病结合，喷80%代森锰锌可湿性粉剂800倍液、50%多菌灵可湿性粉剂 600 倍液、70% 甲基硫菌灵可湿性粉剂 800 倍液；在雨季病菌大量传播和侵染期，结合防治轮纹烂果病，喷 50% 多菌灵可湿性粉剂 800 倍液加 80% 三乙膦酸铝可湿性粉剂 700 倍液；也可以单喷 1∶（2.5~3）∶200 倍式波尔多液。对历年炭疽病发生重的果园，也可以喷 25% 溴菌腈乳油 300~500 倍液，这对轮纹病也有一定兼治作用。

九、轮斑病

苹果轮斑病，又称苹果大星病，主要危害苹果叶片。在各苹果产区均有发生，一般危害不重。

（一）病害特征

苹果轮斑病多发生在叶片边缘，也有的发生在叶片中脉附近。发病初期，在叶片上形成褐色小斑点，后逐渐扩大成半圆形或椭圆形病斑。病斑褐色至暗褐色，上具深浅相间的轮纹，边缘整齐。大病斑的直径为 0.5~1.5 厘米。常数斑融合成不规整形，扩及大半张叶片时，可造成叶片焦枯。天气潮湿时，病斑背面产生墨绿色霉状物，此为病原菌的分生孢子梗和分生孢子（图 7-25~图 7-28）。

图 7-25　半圆形病斑

图 7-26　椭圆形病斑

图 7-27　叶片边缘上的病斑　　图 7-28　病斑上产生霉状物

（二）发生规律

病菌以菌丝形态在病叶中过冬。翌年春季，开始产生分生孢子，随风雨传播，从叶片的雹伤、风磨伤、虫伤、日灼伤、药害及其他伤口侵入。北方果区在 6—9 月发病，以 7—8 月暴风雨较多时易发生。在河南西部苹果区，5 月上旬至 10 月均可发生，夏季高温多雨时发生重。各地均在叶片受雹伤后和暴风雨后，发病较多。

（三）防治方法

1. 清除病源，改善栽培管理条件

由于病原菌在落叶中越冬，因此，在果树落叶后及时清扫落叶，剪除病枯枝，集中烧毁；夏季剪除无用的徒长枝；及时中耕除草，改善通风透光条件，降低果园内空气相对湿度。

2. 药剂防治

从病害发生为害初期开始喷药，10~15 天 1 次，连喷 2 次左右即可。效果较好的药剂有 50% 异菌脲可湿性粉剂 1 000~1 500 倍液、70% 甲基硫菌灵可湿性粉剂 1 000 倍液、10% 多抗霉素可湿性粉剂 1 000~1 500 倍液。

十、轮纹病

（一）病害特征

苹果轮纹病不仅危害枝干，还危害果实。

枝干受害，初期以皮孔为中心形成瘤状突起，然后在突起周围逐渐形成一近圆形坏死斑，秋后病斑周围开裂成沟状，边缘翘起呈马鞍形；第二年病斑上产生稀疏的小黑点，同时病斑继续向外扩展，在环状沟外又形成一圈环形坏死组织，秋后该坏死环外又开裂、翘起……这样，病斑连年扩展，即形成了轮纹状病斑。枝干上病斑多时，导致树皮粗糙，故俗称粗皮病。轮纹病斑一般较浅，容易剥离，特别在一年生及细小枝条上；但在弱树或弱枝上，病斑横向扩展较快，并可侵入皮层内部，深达木质部，造成树势衰弱或枝干死亡，甚至果园毁灭。

果实发病，多从近成熟期开始，初以皮孔为中心产生淡红色至红色斑点，扩大后呈淡褐色至深褐色腐烂病斑，圆形或不规则形；典型病斑有颜色深浅交错的同心轮纹，且表面不凹陷。病果腐烂多汁，没有特殊异味。病斑颜色因品种不同而有一定差异，一般黄色品种颜色较淡，多呈淡褐色至褐色；红色品种颜色较深，多呈褐色至深褐色。套袋果腐烂病斑颜色一般较淡。后期，病部多凹陷，表面可散生许多小黑点。病果易脱落，严重时树下落满1层（图7-29~图7-30）。

图7-29　苹果轮纹病病枝

图7-30　苹果轮纹病病果

（二）发生规律

枝干轮纹病是一种高等真菌性病害，病菌主要以菌丝体和分生孢子器（小黑点）在枝干病斑上越冬，并可在病组织中存活4~5年。生长季节，病菌产生大量孢子（灰白色黏液），主要通过风雨进行传播，从皮孔侵染危害。当年生病斑上一般不产生小黑点（分生孢子器）及病菌孢子，但衰弱枝上的病斑可产生小黑点（很难产生病菌孢子）。老树、弱树及衰弱枝发病重；有机肥使用量小，土壤有机质贫乏的果园病害发生严重；管理粗放、土壤瘠薄的果园受害严重；枝干环剥可以加重该病的发生；富士苹果枝干轮纹病最重。

病菌幼果期开始侵染，侵染期很长；果实近成熟期开始发病，采收期严重发病，采收后继续发病；果实发病前病菌即潜伏在皮孔（果点）内。

（三）防治方法

1. 加强栽培管理

增施农家肥、粗肥等有机肥，按比例科学施用氮、磷、钾、钙肥；科学结果量；科学灌水；尽量少环剥或不环剥；新梢停止生长后及时叶面喷肥（尿素300倍液+磷酸二氢钾300倍液）；培强树势，提高树体抗病能力。

2. 刮治病瘤，铲除病菌

发芽前，刮治枝干病瘤，集中销毁病残组织。刮治轮纹病瘤时，应轻刮，只把表面硬皮刮破即可，然后涂药，杀灭残余病菌。效果较好的药剂有70%甲基硫菌灵可湿性粉剂：植物油 = 1：（20~25）（甲托油膏）、30%戊唑·多菌灵悬浮剂100~150倍液、60%铜钙·多菌灵可湿性粉剂100~150倍液等。需要注意，甲基硫菌灵必须使用单剂，不能使用复配制剂，以免发生药害，导致死树；树势衰弱时，刮病瘤后不建议涂甲托油膏。

3. 喷药铲除残余病菌

发芽前，全园喷施 1 次铲除性药剂，铲除树体残余病菌，并保护枝干免遭病菌侵害。常用有效药剂有 30%戊唑·多菌灵悬浮剂 400~600 倍液、60%铜钙·多菌灵可湿性粉剂 400~600 倍液、77%硫酸铜钙可湿性粉剂 300~400 倍液、45%代森铵水剂 200~300 倍液等。喷药时，若在药液中混加有机硅类等渗透助剂，对铲除树体带菌效果更好；若刮除病斑后再喷药，铲除杀菌效果更佳。

4. 喷药保护果实

从苹果落花后 7~10 天开始喷药，到果实套袋或果实皮孔封闭后（不套袋果实）结束，不套袋苹果喷药时期一般为 4 月底或 5 月初至 8 月底或 9 月上旬。具体喷药时间需根据降雨情况而定，尽量在雨前喷药，雨多多喷，雨少少喷，无雨不喷。套袋苹果一般需喷药 3~4 次（落花后至套袋前），不套袋苹果一般需喷药 8~12 次。以选用耐雨水冲刷药剂效果最好。

十一、霉心病

苹果霉心病，又称苹果心腐病、果腐病和霉腐病。此病危害果实，造成果实心室发霉或果实腐烂，是元帅系、王林、北斗和局部地区的富士等品种的重要病害。

（一）病害特征

苹果霉心病在果实接近成熟期至储藏期发生。其症状包括 2 种类型，一种是霉心类型，另一种是心腐类型。发病初期，果实外观正常，但切开果实观察，病果果心有褐色、不连续的点状或条状小斑点，以后小斑点融合，成褐色斑块，心室中充满黑绿色、灰黑色、橘红色和白色霉状物，使果心发霉，心室壁变成黑色，称为霉心。此后，果心中的一些霉状物能突破心室壁，向外面的果肉扩展，使果肉变成褐色或黄褐色，湿腐，并一直烂到果皮之下。有时果肉干缩，呈海绵状，具苦味，不堪食用。将烂到果肉这种类型称为心腐。当果实心室外的果肉开始腐烂时，仔细观察，病果果面微发黄，稍变软。生长期树上的果实易落果（图7-31～图7-32）。

图7-31　霉心类型

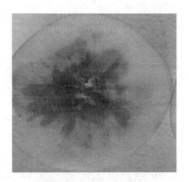

图7-32　心腐类型

（二）发生规律

引起苹果霉心病的病菌，多为腐生性很强的真菌，在自然界分布很广。在果园里多在树体表面、枯死小枝、树上树下的僵果、杂草、落叶、土壤表层及周围植被上等普遍存在。春季，当气温和湿度适宜时，病菌即开始产生分生孢子，借气流和雨水传播。苹果花瓣开放后，雌蕊、雄蕊、萼筒及部分花瓣等花器组织，很快感染有霉心病菌，到落花期，雌蕊柱头基本都被链格孢菌所感染。病菌再经过开放或褐变枯死的萼心间组织（萼筒至心室间的心皮维管束组织），侵入果实心室，造成心室发霉和果心腐烂。在甘肃天水地区，病菌开始侵入果实心室的时间为5月下旬，果实开始发病的时间为6月下旬，并可造成病幼果开始落果。病菌侵入后，多数病果只有到果实快成熟或成熟后，病菌才往果肉中逐渐扩展。到储藏期，随着果实的衰老，发病才显得更为明显。

（三）防治方法

1. 栽培抗病品种

选用萼心间组织较严密品种进行栽培。这是防治霉心病的基本途径。

2. 加强栽培管理

苹果采收后，清除苹果园内病果、落果和落叶，予以集中烧毁或深埋。过冬前，对苹果园进行冬翻。加强肥水管理，合理修剪，改善树冠内通风透光条件。

3. 生长期喷药预防病菌感染

在苹果生长期，应抓住以下3个关键喷药时期。

（1）花芽开始露红期。在苹果花芽开始露红期，结合防治苹果白粉病、套袋果黑点病和山楂叶螨，喷洒45%硫磺悬浮剂300~400倍液，以铲除树皮、干枯枝上产生的病菌分生孢子。

（2）初花期。在苹果初花期，喷洒对坐果率无影响的10%多抗霉素可湿性粉剂1 500倍液。以杀灭在花器上的病菌。

（3）幼果期。在苹果落花后7~10天的苹果幼果期，结合防治果实轮纹病，喷洒50%多菌灵可湿性粉剂600倍液、70%甲基硫菌灵可湿性粉剂800倍液、80%代森锰锌可湿性粉剂800倍液、40%氟硅唑乳油8 000~10 000倍液或75%乙铝·多菌灵可湿性粉剂500~600倍液。

4. 改善储藏条件

苹果采收后，立即放到15℃以下库内短期预储。然后放入气调冷库中储藏。

十二、煤污病

（一）病害特征

苹果煤污病，在苹果果面形成煤污斑，影响果实外观和商品价值。在苹果生长后期，果面上产生灰褐色至黑褐色污斑，常沿雨水下流方向扩大，形状不规整，为煤污状。仅限于果皮，不深入果肉，用手蘸小苏打水容易擦掉。发生严重时，可布满大部分果面，重者似煤球。此病除危害果实外，还危害枝条和叶片，使表面附着一层煤污状物，形状不规整，影响光合作用（图7-33~图7-34）。

图7-33 果面上产生　　　　　图7-34 果面上产生
　　灰褐色污斑　　　　　　　　　黑褐色污斑

（二）发生规律

病菌在苹果树的芽、果台和枝条上越冬。翌年病菌的菌丝和孢子借风雨和昆虫传播。果皮表面有糖分渗出时，在果面腐生。黄河故道地区苹果园，6月下旬即可发生；北京地区苹果园，7月中旬以后发病迅速。夏季、秋季降雨多，树冠郁闭、通风透光不良，果园杂草高，湿度大时，发病较重。

（三）防治方法

（1）合理修剪，保持树冠和果园通风透光。夏季、秋季果园积水时，要及时排除。果园内生草高时，要及时刈割，用以覆盖树盘。

（2）夏季多雨时，结合防治果实轮纹病和褐斑病，喷药兼治本病，或喷100~200倍量式波尔多液。

十三、套袋苹果黑点病

（一）病害特征

套袋苹果黑点病只发生在套袋苹果上，其主要症状特点是在果实表面产生一个至数个褐色至黑褐色的小斑点。斑点多发生在萼洼处，有时也产生在胴部、肩部及梗洼。斑点只局限在果实表层，不深入果肉内部，也不能直接造成果实腐烂，仅影响果实的外观品质，不造成产量损失，但对果品价格影响较大。斑点自针尖大小至小米粒大小、玉米粒大小不等，常几个至十数个，连片后呈黑褐色大斑。斑点类型因病菌种类不同而分为黑点型、红点型及褐斑型3种（图7-35~图7-36）。

 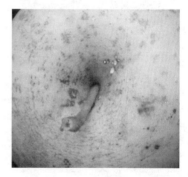

图7-35 苹果萼洼处斑点　　　　图7-36 苹果梗洼处斑点

（二）发生规律

套袋苹果黑点病是一种高等真菌性病害，可由多种弱寄生性真菌引起。病菌在自然界广泛存在，通过气流及风雨进行传播。病菌不能侵害不套袋果实。套袋后，由于袋内温度、湿度的变化（温度高、湿度大）及果实抗病能力的降低（果皮幼嫩），而导致袋内果面上附着的病菌发生侵染，形成病斑，即病菌是在套袋时进入袋内的（套入袋内的）。套袋前阴雨潮湿，散落在果面上的病菌较多，病害发生较重；使用劣质果袋可加重该病发生；有机肥及钙肥缺乏或使用量偏低也可加重病害发生；套袋前药剂喷洒不当是导致该病发生的主要原因。该病发生侵染后，多从果实生长中后期开始表现症状，造成果品质量降低。

（三）防治方法

1. 套袋前喷药预防

套袋果斑点病的防治关键为套袋前喷洒优质高效药剂，即套袋前5~7天以内幼果表面应保证有药剂保护。为避免用药不当对幼果造成药害，套袋前必须选用安全有效农药。防病效果好且安全的药剂有30%戊唑·多菌灵悬浮剂800~1 000倍液、70%甲基硫菌灵可湿性粉剂或500克/升甲基硫菌灵悬浮剂800~1 000倍液+80%代森锰锌可湿性粉剂800~1 000倍液、70%甲基硫菌灵可湿性粉剂或500克/升甲基硫菌灵悬浮剂800~1 000倍液+50%克菌丹可湿性粉剂600~800倍液、500克/升多菌灵悬浮剂600~800倍液+80%代森锰锌可湿性粉剂800~1 000倍液、3%多抗霉素可湿性粉剂400~500倍液等。

2. 其他措施

增施农家肥等有机肥及速效钙肥，提高果实抗病性能。选择透气性强、遮光好、耐老化的优质果袋，适时果实套袋。

第三节　苹果树常见虫害防治技术

一、苹果黄蚜

苹果黄蚜又称苹果蚜、绣线菊蚜，属同翅目蚜科。在我国大部分果产区都有分布。寄主有苹果、梨、桃、李、杏、樱桃、山楂、山荆子、海棠和枇杷等果树，以成虫和若虫刺吸新梢和叶片汁液。

（一）危害特征

若蚜和成蚜群集在新梢上和叶片背面危害，被害叶向背面横卷。发生严重时，新梢叶片全部卷缩，生长受到严重影响。虫口密度大时，还可危害果实（图7-37~图7-38）。

图7-37　苹果黄蚜危害嫩叶

图7-38　苹果黄蚜危害嫩果

（二）形态特征

1. 成虫

无翅胎生雌蚜体长约1.5毫米，黄色或黄绿色。头淡黑色，复眼黑色，额瘤不明显，触角丝状。腹管略呈圆筒形，端部渐细，腹管和尾片均为黑色。有翅胎生雌蚜体近纺锤形。头部、胸部黑色，头顶上的额瘤不明显，口器黑色，复眼暗红色，触角丝状。腹部绿色或淡绿色，身体两侧有黑斑。2对翅透明。腹管和尾片均为黑色。

2. 若虫

体鲜黄色，复眼、触角、足和腹管均为黑色。腹部肥大，腹管短。有翅若蚜胸部发达，生长后期在胸部两侧长出翅芽。

3. 卵

椭圆形，长约0.5毫米，初期为淡黄色，后期变为漆黑色，有光泽（图7-39）。

图7-39 苹果黄蚜越冬卵

（三）发生规律

苹果黄蚜1年发生10余代，以卵在芽腋、芽旁或树皮缝隙内越冬。翌年果树发芽后，越冬卵开始孵化，若蚜先在芽和幼叶上危害，叶片长大后，蚜虫集中在叶片背面和嫩梢上刺吸汁液。随着气温的升高，蚜虫繁殖速度加快，到5—6月已繁殖成较大的群体，此时有大量新梢受害，被害叶片出现卷曲。在华北地区，从6月开始产生有翅胎生雌蚜，迁飞至杂草上危害繁殖。到7月下旬雨季到来时，在果树上几乎见不到蚜虫。到10月，在杂草上生长繁殖的蚜虫产生有翅蚜，迁飞到果树上，经雌雄交配后产卵越冬。该虫全年只有在秋季成蚜产越冬卵时进行两性生殖，其他各代均行孤雌生殖。

（四）防治方法

1. 保护天敌

苹果黄蚜的天敌很多，主要有瓢虫、草蛉、食蚜蝇和寄生蜂等。这些天敌对蚜虫发生有一定的抑制作用，应注意保护和利用。在北方小麦产区，麦收后有大量天敌（以瓢虫为最多）迁往果园，这时在果树上应尽量避免使用广谱性杀虫剂，以减少对天敌的伤害。

2. 人工防治

在春季蚜虫发生量少时，及时剪掉被害新梢，可有效控制蔓延。此法尤其适用于幼树园。

3. 化学防治

在果树发芽前，喷洒99%矿物油乳油100倍液，以消灭越冬卵。在果树生长期，防治的重点应放在生长前期，常用药剂有10%吡虫啉可湿性粉剂3 000倍液、3%啶虫脒乳油2 000倍液、99%矿物油乳油200倍液、480克/升毒死蜱乳油2 000倍液。

二、苹果瘤蚜

苹果瘤蚜又称苹果卷叶蚜，属同翅目蚜科。在我国各苹果产区都有分布。寄主植物有苹果、海棠、沙果、梨和山荆子等。

（一）危害特征

蚜虫主要危害新梢嫩叶。被害叶片正面凸凹不平，光合功能降低。受害重的叶片从边缘向叶背纵卷，严重的呈绳状。被害重的新梢叶片全部卷缩，枝梢细弱，渐渐枯死，影响果实生长发育和着色。被害梢一般是局部发生，受害重的树全部新梢被卷害（图7-40）。

图 7-40　苹果瘤蚜危害叶及幼果

(二) 形态特征

1. 成虫

无翅胎生雌蚜，体长约 1.5 毫米，纺锤形，暗绿色。头部额瘤明显，复眼褐色，触角端部和基部黑色。有翅胎生雌蚜体长约 1.6 毫米。头部、胸部黑色，额瘤明显，复眼、触角均黑色。腹部暗绿色 (图 7-41)。

图 7-41　苹果瘤蚜成虫

2. 若虫

体小，浅绿色。

3. 卵

黑绿色，有光泽。

(三) 发生规律

苹果瘤蚜1年发生10余代，以卵越冬。越冬卵主要分布在一年生枝条上，二年生以上枝条上较少。卵多产在芽的两侧，少数产在短果枝皱痕和芽鳞片上。在苹果发芽至展叶期，越冬卵孵化，孵化期约15天。在辽宁和陕西等地，越冬卵于4月底孵化完毕。若蚜都集中到芽的露绿部分和绽开的嫩叶上危害。5—6月，随着嫩叶生长，蚜虫转移到新梢上危害，这时已经出现成蚜并进行孤雌胎生繁殖，叶片受害加重。这时的蚜虫除危害叶片外，还危害幼果，使被害果实表面出现稍凹陷的线斑。从7月下旬开始，蚜量逐渐减少。10—11月出现有性蚜，交尾后产卵越冬。苹果瘤蚜的危害对品种有较大选择性，以元帅系品种受害最重，其次为国光、祝光和红玉等品种。

(四) 防治方法

防治苹果瘤蚜，应抓紧早期防治，即越冬卵全部孵化之后，叶片尚未被卷之前进行。最佳施药时期是果树发芽后15天左右，一般在苹果开花前防治完毕。常用药剂有10%吡虫啉可湿性粉剂3 000倍液、3%啶虫脒乳油2 000倍液。

三、苹果绵蚜

苹果绵蚜又称苹果绵虫，属同翅目瘿绵蚜科。国内仅分布在辽宁、山东、云南和西藏等地的部分苹果栽培区。主要危害枝条、树干和根部。

(一) 危害特征

苹果绵蚜集中于剪锯口、病虫伤疤周围、主干、主枝裂皮缝、枝条叶柄基部和根部危害。虫体上覆盖棉絮状物，易于识别。被害枝条出现小肿瘤，肿瘤易破裂。有时果实萼洼、梗洼处也可受害，影响果品质量。根部受害后形成肿瘤，使根坏死，影响根的吸收功能（图7-42~图7-45）。

图7-42　苹果绵蚜聚集在
剪锯口

图7-43　苹果绵蚜在枝干
疤痕边缘越冬

图7-44　苹果绵蚜危害细枝

图7-45　苹果绵蚜危害苹果
根蘖苗基部

（二）形态特征

1. 成虫

无翅胎生雌蚜体长约 2 毫米，红褐色。头部无额瘤，复眼暗红色，触角 6 节。腹部背面覆盖白色绵毛状物。有翅胎生雌蚜体长较无翅胎生雌蚜稍短。有 1 对前翅，翅透明，中脉分叉。头部、胸部黑色，触角 6 节。腹部暗褐色，绵毛状物稀疏。有性雌蚜体长 1 毫米左右。头、触角和足均为黄绿色，触角 5 节。腹部红褐色，稍有绵毛状物。

2. 若虫

体略呈圆筒形，赤褐色，与无翅胎生雌蚜相似，体表覆盖白色棉絮状物。

3. 卵

椭圆形，长径约 0.5 毫米，初产出时为橙黄色，后渐变为褐色。

（三）发生规律

苹果绵蚜在辽宁大连 1 年发生 13 代，在山东青岛发生 17~18 代，在云南昆明可发生 21 代。均以 1~2 龄若虫越冬。越冬部位分布在苹果树枝干裂缝、病虫伤疤边缘、剪锯口周围、一年生枝芽侧、根蘖基部和浅土层的根上。在辽宁大连地区，越冬若虫于 4 月上旬开始活动，先在越冬处危害，从 5 月上旬开始向周围扩散，转移到嫩枝叶腋、芽基部等处危害。蚜虫成熟后，便可进行孤雌胎生繁殖，同时出现少数有翅雌蚜，向周围树上迁移。6 月是全年繁殖危害最盛期。苹果绵蚜发生严重的树，枝条上布满蚜虫并有大量白色绵毛状物出现，被害部位肿胀成瘤。7—8 月气温较高时，不利于蚜虫繁殖，同时还有大量天敌活动（主要是日光蜂），对苹果绵蚜的发生起到明显的抑制作用，使虫口减少，种群数量下降。到 9 月中旬至 10 月，气温下降，又适于苹果绵蚜的繁殖，这时可产生大量有翅胎生雌蚜迁飞扩散，日光蜂和其他天敌数量减少，虫口又回升，出现第二次危害高峰。进入 11 月，气温下降，若虫陆续进入越冬状态。

(四) 防治方法

1. 加强检疫

严禁从苹果绵蚜疫区调运苹果苗木和接穗，防止苹果绵蚜传入非疫区。如必须从疫区引种苗木或采集接穗时，须经检疫部门检疫后才准予运出。一旦从疫区带进有蚜苗木或接穗，要进行严格的灭蚜处理。如果灭蚜不彻底，要全部销毁。

2. 清除越冬虫源

结合冬剪，彻底剪除被害虫枝，集中烧毁。发芽前，刮除枝干粗皮、翘皮，特别是剪锯口、环剥口及枝干伤口处的老翘皮，破坏绵蚜越冬场所，并将刮下组织集中销毁，消灭越冬虫源。

3. 化学防治

在苹果绵蚜发生严重的果园，在蚜虫从越冬场所向树冠上扩散时，及时往树上喷药。常用药剂有 480 克/升毒死蜱乳油 1 500 倍液、10%吡虫啉可湿性粉剂 2 000 倍液、5%啶虫脒可湿性粉剂 2 000 倍液、22%吡虫·毒死蜱乳油 2 000 倍液。在幼树园，可将吡虫啉埋于树下，利用其内吸作用，杀死树上的蚜虫。

四、苹果红蜘蛛

苹果红蜘蛛又称苹果全爪螨，属蛛形纲蜱螨目叶螨科，是世界性果树害螨。我国大部分苹果产区都有发生，尤以北方及沿海地区发生严重。

(一) 危害特征

被害叶片初期出现灰白色斑点，后期叶片苍白，失去光合作用，严重时叶片表面布满螨蜕，远处看去呈现一片苍灰色，但不落叶（图 7-46）。

图 7-46　苹果红蜘蛛危害叶片状

（二）形态特征

1. 成螨

雌螨体长约 0.5 毫米，近圆形，体背隆起，表面具明显的白色瘤状突起。体红色，取食后变为深红色。雄螨比雌螨略小，体长约 0.3 毫米，近卵圆形。身体末端稍尖细，初为橘红色，取食后变深红色。

2. 幼螨、若螨

由卵孵出后为幼螨，体近圆形，背面已出现刚毛。3 对足。越冬卵孵出的幼螨呈浅橘红色，取食后变暗红色；夏卵孵出的幼螨体色变化较大，初呈浅黄色或浅绿色，后变为橘红色到深红色。若螨 4 对足，体背刚毛明显，雌雄可分辨，体色较幼螨深，其他特征似成螨。

在幼螨变为若螨和若螨变为成螨期间，分别有 1 个和 2 个不活动的静止期，分别称为第一、第二和第三静止期。静止期螨的跗肢被一层膜状物包被，看上去呈半透明状。静止期螨不食不动，似昆虫的蛹期，蜕皮后进入下一个发育阶段。

3. 卵

圆形稍扁，似洋葱，顶端生 1 根短毛，表面密布纵纹。夏卵橘红色，冬卵深红色（图 7-47）。

图 7-47　苹果红蜘蛛越冬卵

（三）发生规律

苹果红蜘蛛在东北、华北及山东苹果产区，1 年发生 6 ~ 7 代；在西北 1 年发生 7 ~ 9 代。以卵密布在短果枝、果台基部、芽周围和一至二年生枝条的交接处越冬。翌年春季当日平均气温达 10℃（苹果花芽膨大）时，越冬卵开始孵化。苹果早熟品种初花期，是越冬卵孵化盛期。越冬卵孵化期比较集中，一般在 2 ~ 3 天内大部分卵已孵化，15 天左右可全部孵化完毕。在辽宁苹果产区，越冬卵从 4 月下旬开始孵化，10 ~ 15 天基本孵化完毕。此时正是国光品种花序分离期和元帅品种花蕾变色期。幼螨孵化后危害花蕾或幼叶，是喷药防治的关键时期。5月中旬前后（元帅苹果开花初期）出现大量成螨，成螨比较活泼，爬行迅速，产卵于叶片主脉附近。害螨喜欢在叶片正面活动，很少吐丝拉网。6月上旬开始出现第一代成螨，以后出现世代重叠。7—8月，螨口密度最大，各虫态混合发生，是全年危害高峰期。在受害严重的树上，8月就出现越冬卵。在一般情况下，从10月上旬开始，陆续出现越冬卵。

（四）防治方法

1. 化学防治

喷药关键时期在越冬卵孵化期（早熟品种开花初期）和第二代若螨发生期（苹果落花后）。常用药剂有20%四螨嗪悬浮剂2 000倍液、15%哒螨灵乳油2 000倍液、20%哒螨灵可湿性粉剂3 000倍液、5%噻螨酮乳油2 000倍液、20%三唑锡悬浮剂1 000倍液、1.8%阿维菌素乳油5 000倍液。

2. 保护天敌

苹果红蜘蛛的自然天敌很多，主要有深点食螨瓢虫、小黑花蝽、捕食螨等。通过合理施用化学农药，减少对这些天敌的伤害，可发挥天敌的控害作用。

五、金纹细蛾

金纹细蛾又称苹果细蛾，属鳞翅目细蛾科。分布在辽宁、河北、山东、山西、陕西、甘肃和安徽等地果产区。寄主有苹果、海棠、梨、山荆子和李等果树。

（一）危害特征

幼虫潜于叶内取食叶肉。被害叶片上形成椭圆形的虫斑，表皮皱缩，呈筛网状，叶面拱起。虫斑内有黑色虫粪。虫斑常发生在叶片边缘，严重时布满整个叶片（图7-48）。

图7-48 金纹细蛾危害叶片状

（二）形态特征

1. 成虫

体长2.5~3毫米，翅展6.5~7毫米，全身金黄色，其上有银白色细纹。头部银白色，顶端有2丛金黄色鳞毛。复眼黑色。前翅金黄色，自基部至中部中央有1条银白色剑状纹，翅端前缘有4条、后缘有3条银白色纹，呈放射状排列。后翅披针形，缘毛很长（图7-49）。

图7-49 金纹细蛾成虫

2. 幼虫

体长约 6 毫米，细纺锤形，稍扁，各体节分节明显。幼龄时淡黄绿色，老熟后变为黄色（图 7-50）。

图 7-50　金纹细蛾幼虫

3. 卵

扁椭圆形，乳白色，半透明，有光泽（图 7-51）。

图 7-51　金纹细蛾卵

4. 蛹

体长约 4 毫米，梭形，黄褐色（图 7-52）。

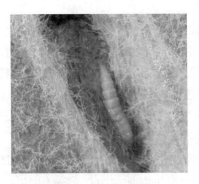

图 7-52　金纹细蛾蛹

（三）发生规律

金纹细蛾在辽宁、山东、河北、山西和陕西等地，1 年发生 5 代，在河南省中部地区发生 6 代，以蛹在被害叶片中越冬。翌年苹果树发芽时出现成虫。在辽宁苹果产区，越冬代成虫发生始期在 4 月中旬，4 月下旬为发生盛期。成虫多在早晨和傍晚前后活动，产卵于嫩叶背面，单粒散产。成虫产卵对苹果品种有一定的选择性，国光、富士和新红星着卵率较高，金冠和青香蕉着卵率低。幼虫孵化后，从卵与叶片接触处咬破卵壳，直接蛀入叶内危害。幼虫一生在被害叶片内生活，老熟后在虫斑内化蛹。成虫羽化时将蛹壳一半露出虫斑外面。以后各代成虫发生盛期为第一代为 5 月下旬至 6 月上旬；第二代为 7 月上旬；第三代为 8 月上旬；第四代为 9 月中下旬。最后一代的幼虫于 10 月中下旬，在被害叶的虫斑内化蛹越冬。

（四）防治方法

1. 人工防治

结合果树冬剪，清除落叶，集中烧毁，消灭越冬蛹。

2. 化学防治

防治的关键时期，是各代成虫发生盛期。其中在第一代成虫盛发期（6月上中旬）喷药，防治效果优于后期防治。常用药剂有50%氰戊·辛硫磷乳油1 000倍液、80%敌敌畏乳油800倍液、25%灭幼脲悬浮剂1 500倍液、20%氰戊菊酯乳油2 000倍液，或其他菊酯类杀虫剂。

3. 生物防治

金纹细蛾的寄生性天敌很多。其中以金纹细蛾跳小蜂数量最多，其发生代数和发生时期与金纹细蛾相吻合，产卵于寄主卵内，为卵和幼虫体内的寄生蜂，应加以保护和利用。

六、苹果小卷叶蛾

苹果小卷叶蛾又叫棉褐带卷蛾，属鳞翅目卷蛾科。除云南和西藏外，其他各水果产区都有分布。寄主有苹果、梨、桃、李、杏和山楂等，是果树的一种主要害虫。

（一）危害特征

以幼虫危害叶片和果实。幼虫吐丝将2~3片叶连缀一起，并在其中危害，将叶片吃成缺刻或网状。被害果的表面出现形状不规则的小坑洼，尤其是果、叶相贴时，受害较重（图7-53~图7-56）。

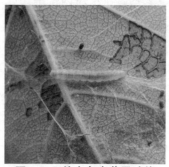

图7-53　幼虫危害苹果叶片

图7-54　幼虫隐蔽危害苹果梢

图7-55 幼虫危害苹果梢放大图

图7-56 幼虫危害果实状

（二）形态特征

1. 成虫

体长6~8毫米，翅展13~23毫米，淡棕色或黄褐色。触角丝状，与体同色。下唇须较长，向前延伸。前翅自前缘向后缘有2条深褐色斜纹，外侧的一条较内侧的细。后翅淡灰色。雄虫较雌虫体小，体色较淡，前翅前缘基部有前缘褶（图7-57）。

图7-57 苹果小卷叶蛾成虫

2. 幼虫

体长 13~15 毫米。头和前胸背板淡黄色。幼龄幼虫淡绿色，老龄幼虫翠绿色。3 龄以后的雄虫腹部第五节背面出现 1 对黄色性腺。臀栉 6~8 根。

3. 卵

扁平，椭圆形，淡黄色。数十粒排列成鱼鳞状卵块（图 7-58）。

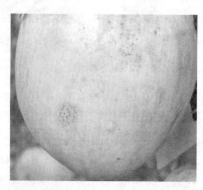

图 7-58　苹果小卷叶蛾卵

4. 蛹

体长 9~11 毫米，黄褐色。腹部第二节至第七节各节背面有 2 行小刺，后一行较前一行短小而密。臀栉 8 根。

（三）发生规律

苹果小卷叶蛾在各地的发生代数不同，在辽宁、河北和山西等地一年发生 3 代，在济南和西安地区发生 3~4 代，在石家庄和郑州地区发生 4 代，均以 2 龄幼虫在果树的剪锯口、树皮裂缝和翘皮下等隐蔽处，结白色薄茧越冬。越冬幼虫于翌年果树发芽后出蛰。出蛰后先爬到嫩芽、幼叶上取食。稍大后吐丝，将几个叶片连缀一起，潜伏其中危害。幼虫很活泼，触其尾部即迅速爬行，触其头部会迅速倒退。有吐丝下垂的习性，也有转移危害的习性。老熟幼虫在卷叶内化蛹，成虫羽化时，移动身体，头部、胸部露在卷叶外，成虫羽化后在卷叶内留下蛹皮。成虫白天很少活动，常静伏在树冠内膛遮阴处的叶片或叶背上，夜间活动。成虫有较强的趋化性和微弱的趋光性，对糖醋液或果醋趋性很强，有取食糖蜜的习性，饲喂糖蜜的成虫，其产卵量明显增多。卵产于叶面或果面较光滑处。大气湿度对成虫产卵影响很大，天旱时不利于其产卵。幼虫孵化后，先在卵块附近的叶片上取食，不久便分散。第一代幼虫主要危害叶片，有时也危害果实。

（四）防治方法

1. 化学防治

用50%敌敌畏乳油200倍液涂抹剪口、锯口，消灭其中的越冬幼虫。在越冬幼虫出蛰期和各代幼虫发生初期，选择以下农药喷雾防治：80%敌敌畏乳油800倍液、50%氰戊·辛硫磷乳油1 500倍液、50%杀螟硫磷乳油1 000倍液、480克/升毒死蜱乳油2 000倍液、52.25%高氯·毒死蜱乳油2 000倍液、2.5%溴氰菊酯乳油3 000倍液、4.5%高效氯氰菊酯乳油3 000倍液、30%氰戊·马拉松乳油2 000倍液、24%虫酰肼悬浮剂1 500倍液。

2. 人工防治

早春刮除树干上和剪口、锯口等处的翘皮，消灭其中的越冬幼虫。在苹果树生长季，发现卷叶后及时用手捏死其中的幼虫。

七、苹毛丽金龟

苹毛丽金龟又称苹毛金龟子，属鞘翅目丽金龟科。分布于辽宁、河北、河南、山东、山西、陕西和内蒙古等地。除危害苹果、梨、桃、李、杏和樱桃等果树外，还危害杨、柳和榆等林木，寄主植物有11科30余种。

（一）危害特征

苹毛丽金龟成虫喜食花蕾、花瓣、花蕊和柱头，使受害花朵残缺不全，叶片呈缺刻状，重者全部叶被食光（图7-59）。

图7-59 苹毛丽金龟危害花朵

（二）形态特征

1. 成虫

体长8.9～12.2毫米，宽5.5～7.5毫米。触角9节。体小型，呈卵圆形。头部、胸部褐色或黑褐色，常有紫色或青铜色光泽。鞘翅茶色或黄褐色，半透明，可透视后翅折叠成"V"形。鞘翅上有排列成行的刻点。腹部两侧有黄白色毛丛，腹末露出鞘翅处。前足胫节外缘有2齿。

2. 幼虫

老熟幼虫体长15毫米左右，头部黄褐色，体乳白色。

3. 卵

椭圆形，长径为1.5毫米左右，初产出时乳白色，近孵化时呈黄白色。

4. 蛹

裸蛹，长约 10 毫米，羽化前呈深红色。

（三）发生规律

苹毛丽金龟在我国 1 年发生 1 代，以成虫在土中 30～50 厘米处的蛹室中越冬。成虫 3 月下旬至 5 月中旬出土活动，危害盛期在 4 月中旬至 5 月上旬。在果树开花期，成虫危害花和嫩叶。成虫有雨后出土习性，在平均气温 10℃ 以上时，雨后常出现成虫发生高峰。成虫的活动与温度有关，早晚气温低时，栖息树上不大活动。中午气温升高时觅偶交尾，取食活动最烈。气温在 10℃ 左右时，一般白天上树危害，夜间潜入土中；气温升至 20℃ 以上时，成虫则昼夜在树上，不再下树。交配后的成虫下树潜入 10～20 厘米深的土层中产卵，每头雌虫可产卵 20～30 粒。卵期 20～30 天。幼虫孵化后在土中以腐殖质和植物根为食，一般对作物危害不大。幼虫期为 60～70 天。7 月下旬至 8 月下旬，幼虫陆续老熟，并潜入 1 米左右深的土层中做椭圆形土室化蛹。蛹期 20 天左右。成虫羽化后不出土即越冬。

（四）防治方法

1. 人工防治

在成虫发生期，利用其假死性，振动树枝，捕杀落地成虫。

2. 地面喷药

在 3 月下旬至 4 月下旬的成虫出土期，特别是降雨后，在地面喷洒 50% 氰戊·辛硫磷乳油或 48% 毒死蜱乳油 300 倍液。施药后浅锄耙平地面，防治效果较好。

3. 树上喷药

成虫发生量大时，在果树开花之前，对树冠喷洒 48% 毒死蜱乳油 2 000 倍液，或 50% 氰戊·辛硫磷乳油 1 000 倍液，杀灭成虫。

八、天幕毛虫

（一）危害特征

天幕毛虫又称黄褐天幕毛虫、天幕枯叶蛾，在苹果、梨、桃、李、杏、樱桃等果树上均有发生，以幼虫危害叶片。低龄幼虫群集1个枝上或枝杈处吐丝结网，在网内取食危害，将叶片啃食成筛网状；随虫龄增大，叶片被吃成缺刻或只剩主脉或叶柄；5龄后逐渐分散危害。严重时将整株叶片吃光。幼虫多白天群集巢上，夜间取食危害（图7-60～图7-61）。

图 7-60 天幕毛虫吞食叶片　　　　图 7-61 天幕毛虫结网危害状

（二）形态特征

1. 成虫

雌成虫体长 18～22 毫米，翅展 37～43 毫米，黄褐色，触角栉齿状；前翅中央有深褐色宽带，宽带两边各有 1 条黄褐色横线。雄成虫体长 15～17 毫米，翅展约 30 毫米，淡黄色，触角羽毛状，前翅具 2 条褐色细横线（图 7-62）。

2. 幼虫

老熟幼虫体长 50～55 毫米，体生许多黄白色毛；体背中央

图 7-62 天幕毛虫成虫

有 1 条白色纵线，其两侧各有 1 条橙红色纵线；体两侧各有 1 条黄色纵线，每条黄线上、下各有 1 条灰蓝色纵线；腹部各节背面具黑色毛瘤数个（图 7-63）。

图 7-63 天幕毛虫幼虫

3. 卵

圆筒形，高约 1.3 毫米，灰白色，数百粒密集成块在小枝上粘成一圈似"顶针"状（图 7-64）。

图 7-64　天幕毛虫卵

4. 蛹

椭圆形，长 17~20 毫米，黄褐色至黑褐色（图 7-65）。

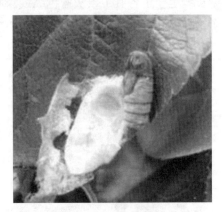

图 7-65　天幕毛虫蛹

5. 茧

黄白色，表面附有灰黄色粉。

（三）发生规律

天幕毛虫 1 年发生 1 代，以完成胚胎发育的幼虫在卵壳内越冬。翌年春季苹果发芽时，幼虫破壳而出取食嫩芽和嫩叶，然后转移到小枝上或枝杈处吐丝结网，形成"天幕"。1~4龄幼虫白天群集在网幕中，晚间出来取食叶片，5龄幼虫离开网幕分散到全树暴食叶片。幼虫期45天左右，5月中下旬陆续老熟后在叶片上或杂草丛中结茧化蛹，蛹期10~15天。6—7月为成虫盛发期。成虫有趋光性，产卵于当年生小枝上，幼虫胚胎发育完成后不出卵壳即开始越冬。

（四）防治方法

1. 人工防治

结合冬剪，注意剪除小枝上的越冬卵块，集中销毁。生长期结合农事操作，利用低龄幼虫群集结网危害的特性，在幼虫发生危害初期及时剪除幼虫网幕，集中深埋或销毁。已分散的幼虫，也可振树捕杀。有条件的果园，还可在成虫发生前于果园内设置黑光灯或频振式诱虫灯，诱杀成虫。

2. 化学防治

天幕毛虫多为零星发生，一般果园不需单独喷药防治。个别虫量较大的果园，在幼虫发生危害初期及时喷药1次，即可有效控制该虫的发生危害。

九、苹掌舟蛾

（一）危害特征

苹掌舟蛾又称舟形毛虫，在苹果、梨、桃、李、杏、樱桃、山楂等果树上均有发生，均以幼虫危害叶片。初期，1个卵块孵化的幼虫群集在这张叶片上危害，啃食上表皮和叶肉，仅剩网眼状下表皮；随虫龄增大，逐渐分散危害，但相对集中于1个枝条，将叶片食成缺刻或将叶片吃光仅剩叶柄。严重时，可将整个枝条叶片吃光，甚至将全树吃光（特别是幼树），对树体生长发育影响很大（图 7-66）。

图 7-66 苹掌舟蛾危害叶片状

（二）形态特征

1. 成虫

体长 22~25 毫米，翅展 49~52 毫米，雄蛾腹背浅黄褐色，雌蛾土黄色，末端均淡黄色；前翅银白色，在近基部有 1 个长圆形斑，外缘有 6 个椭圆形斑，横列成带状；后翅淡黄色，外缘杂有黑褐色斑（图 7-67）。

图 7-67 苹掌舟蛾成虫

2. 幼虫

老熟幼虫体长 50 毫米左右，头部黄色，有光泽，胸部背面紫黑色，腹面紫红色，体两侧各有灰白色和暗紫色纵条纹，体生黄白色毛；静止时头部、胸部和尾部翘起似船形，故称舟形毛虫（图 7-68）。

图 7-68 苹掌舟蛾幼虫

3. 卵

圆球形，直径约 1 毫米，初产时淡绿色，近孵化时变灰色或黄白色，单层排列成块状。

4. 蛹

红褐色，长 20~23 毫米，末端有 2 个二分叉的臀棘。

（三）发生规律

苹掌舟蛾 1 年发生 1 代，以蛹在树冠下 1~18 厘米的土层中越冬。翌年 7 月上旬至 8 月上旬逐渐羽化，7 月中下旬为羽化盛期。成虫昼伏夜出，趋光性较强，常产卵于叶背，单层排列，密集成块。卵期约 7 天。8 月上旬幼虫孵化，初孵幼虫群集叶背，整齐排列成行，啃食叶肉，将叶片食成筛网状；3 龄后逐渐

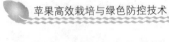

分散或转移危害，常把整枝、整树叶片吃光，仅留叶柄。幼虫早晚取食，白天栖息，头尾翘起，形似小舟，受惊扰或振动时，成群吐丝下垂。幼虫发生期为8月中旬至9月中旬，共5龄，幼虫期平均40天。幼虫老熟后，陆续入土化蛹越冬。

(四) 防治方法

1. 人工防治

早春翻耕树盘，将土壤中越冬虫蛹翻于地表，被鸟类啄食或被风吹干死亡。生长期，在幼虫分散危害前，及时剪除群集幼虫叶片销毁；或振动树枝，使幼虫吐丝下坠，集中捕杀消灭。有条件的果园，结合其他害虫防治，在成虫发生期内于果园中设置诱虫灯，诱杀成虫。

2. 化学防治

苹掌舟蛾的防治关键是在幼虫3龄前（分散危害前）及时喷药，一般果园喷药1次即可。

3. 生物防治

有条件的果园，在成虫产卵期释放赤眼蜂灭卵。

十、康氏粉蚧

康氏粉蚧属同翅目粉蚧科。寄主植物有苹果、梨、桃、李、杏、葡萄和柑橘等多种果树，全国大部分地区都有分布。近年来，在北方苹果产区普遍发生，尤其对套袋果危害严重，损失很大。

(一) 危害特征

成虫和若虫均可刺吸果树嫩芽、嫩枝和果实的汁液，以套袋果实受害最重。成虫和若虫群集于果实萼洼处刺吸汁液。被害处出现许多褐色圆点，其上附着白色蜡粉。斑点木栓化，组织停止生长。嫩枝受害后，枝皮肿胀，开裂，严重者枯死（图7-69~图

7-70)。

图 7-69 康氏粉蚧危害果实

图 7-70 康氏粉蚧危害嫩枝

（二）形态特征

1. 成虫

雌成虫无翅，体长 3~5 毫米，略呈椭圆形，扁平，粉红色。体节明显，体外被白色蜡粉，体侧缘有 17 对白色蜡刺，腹部末端的 1 对蜡刺特长，几乎与体等长，形似尾状。雄成虫体长约 1 毫米，紫褐色，有翅 1 对，透明，后翅退化。

2. 若虫

初孵若虫淡黄色，椭圆形，扁平，形似雌成虫。

3. 卵

椭圆形，长约 0.3 毫米，淡黄色，数十粒排列成块状，表面覆盖一层白色蜡粉。

4. 蛹

只有雄虫有蛹期。蛹体长约 1.2 毫米，紫褐色，裸蛹。

（三）发生规律

康氏粉蚧 1 年发生 3 代，以卵在树干翘皮下、树皮缝隙内越冬。翌年春季苹果树发芽后，越冬卵孵化为若虫。若虫刺吸嫩芽和嫩枝。第一代若虫发生盛期在5月下旬至6月上旬，第二代发生在7月下旬至8月上旬，第三代在9月上旬。若虫发育期为30~50天。雌若虫成熟后蜕皮变成成虫，静候雄虫交尾；雄若虫成熟后化蛹，成虫羽化后寻找雌虫交尾。交尾后的雌成虫爬到树干粗皮裂缝或果实萼洼处产卵。成虫产卵时分泌大量棉絮状蜡质物，产卵其中。若虫孵化后爬行分散到嫩枝和果实上危害，老熟后变为成虫。成虫继续产卵发生下一代。最后一代的成虫寻找适当场所产卵，以卵越冬。在枝条上危害的若虫和在无套袋果实上危害的若虫，喷药时易杀死，而在果实套袋时将若虫套在果袋内，则若虫得以在此生长发育，造成果实严重受害。因此，尤其要注意果实套袋前的防治。

（四）防治方法

1. 人工防治

结合果树冬剪，刮除树干翘皮，消灭越冬卵。在秋季成虫产卵期，往树干上束草把，诱集成虫前来产卵，冬季解下烧掉，可消灭在此越冬的虫卵。

2. 化学防治

在果树发芽前，结合防治蚜虫，全树喷1次10%吡虫啉可湿性粉剂3 000倍液。在果实套袋前，往树上喷药1次，消灭果实上的若虫。如果已将若虫套入袋内，需解袋治虫后再重新套上。

第八章 苹果的采收与储藏

第一节 苹果采收

一、采收期的确定

苹果采收期的早晚对果实的质量、产量以及耐储性均有很大影响。采收过早，果实尚未充分发育，果实个小，外观色泽和果实风味较差，产量和品质下降。采收过晚，虽能在一定程度上能提高食用品质，但易使果肉变绵，产生裂果和衰老褐变现象，降低耐储性。

（一）果实成熟度

根据用途不同，果实成熟度有3种表述方式。

1. 可采成熟度

这时果实大小已长定，但还未完全成熟，应有的风味和香气还没有充分表现出来，肉质较硬。该成熟度的果实，适用于储运、蜜饯和罐藏加工等。

2. 食用成熟度

果实已经成熟，表现出该品种应有的色、香、味，营养价值也达到了最高点，风味最好。达到食用成熟度的果实，适用于供当地销售，不宜长期储藏或长途运输。作为鲜食或加工果汁、果酱等原料的苹果，以此时采收为宜。

3. 生理成熟度

果实在生理上已经达到充分成熟的阶段，果实肉质松绵，种子充分成熟。达到此成熟度时，果实变得淡而无味，营养价值大大降低，不宜供人们食用，更不能储藏或运输。鲜食和加工用的果实，决不能到此时采收。一般只有作为采集种子时，才在这时采收。

(二) 判定果实成熟度的方法

1. 根据果实发育期

某一品种在一定的栽培条件下，从落花到果实成熟，有一个大致的天数，即果实发育期。由此来确定采收时期是目前绝大部分果园既简便而又比较可靠的方法。早熟品种一般在盛花期后100天左右采收，中熟品种在110~150天，晚熟品种在150~180天。金冠、元帅系品种生长期140~150天，乔纳金系155~165天，红富士系品种生长期为170~180天，加工型极晚熟品种澳洲青苹、粉红女士等生长期在180~200天。

2. 根据果实脱落难易程度

果实成熟时，果柄基部与果枝之间形成离层，稍加触动，即可采摘脱落。

3. 根据果肉硬度

近成熟的果实，果肉变软，硬度下降，口感松脆，过成熟时开始发绵。

4. 根据果实风味

有些苹果品种如红富士，甜度增加，酸度减轻，达到了该品种的风味；但有些品种如国光，采收时酸味仍然较浓，需经后熟后风味才能变佳。

5. 根据果皮色泽

目前，我国多数地区，生产上大多根据果皮的颜色变化来决定采收期，此法较简单也易于掌握。果实颜色是判断果实成熟的主要标准之一，果实成熟时，果皮色泽呈现出本品种固有的颜色。判断成熟度的色泽指标是果皮底色由深绿变为浅绿、变黄，或颜色稳定不再变化。红色品种果面由淡红转为浓红，金冠、王林等黄色品种，果面由深绿变白绿、浅绿或微黄。

6. 根据色谱变化

随着果实逐渐接近成熟，淀粉水解为糖，淀粉含量下降。首先从子房周围的组织中开始消失，逐渐外扩。可用碘与淀粉呈蓝色反应并与标准色谱对照，确定其反应级别，决定采收期。

采收期的确定不能单纯根据成熟度来判断，还要从调节市场供应、运输、储藏和加工的需要、劳动力的安排、品种的特性及气候条件等来确定。

二、采收方法

依据我国的苹果生产方式，目前果实采收方法主要是人工采收。

采果时，采收人员应剪短指甲或戴上手套，以免划伤果面。为了不损伤果柄，应用手托住果实，其一手指顶着果柄与果台处，将果实向一侧转动，使果实与果台分离。不可硬将果实从树上拽下，使果柄受伤或脱落而影响储藏。采果时，应根据果实着生部位、果枝类型、果实密度等进行分期、分批采收，以提高产量、品质和商品价值。另外，为使果面免受果柄扎害，对于果柄较长的品种如红富士等，要随摘随剪除果柄。

在采收过程中，应防止一切机械伤害，如擦伤、碰伤、压伤或掐伤等。果实有了伤口，微生物极易侵入，促进呼吸作用的加强，降低耐储性。还要防止折断树枝，碰掉花芽和叶芽，以免影响翌年产量。采收时要防止果柄掉落，因为无果柄的果实，不仅果品等级下降，而且也不耐储藏。采收时还要注意，应按先下后上、先外后内的顺序采收，以免碰落其他果实、造成损失。

为了保证果实的品质，采收过程中一定要尽量使果实完整无损，要在采果篓（筐）或箱内部垫些柔软的衬垫物。采果捡果要轻拿轻放，尽量减少换篓（筐）的次数，运输过程中要防止压、碰、抛、撞或挤压果实，尽量减少和避免果实的损伤。采收时如遇阴雨、露、雾天气，果实表面水分较大时，采摘下的果实应放在通风处晾干，以免影响储藏。晴天采收的果实，由于温度较高，应在遮阴处降低果温后入库，以免将田间热量带进储藏库而造成不必要的损失。

第二节　苹果储藏

一、气调储藏

苹果最适宜气调冷藏，尤以中熟品种金冠、红星、红玉等，控制后熟效果十分明显；气调库储藏的苹果要求采后 2～3 天内完成入储工作，并即时调节库内气体成分，使氧气含量降至 5% 以下，以降低其呼吸强度，控制其后熟过程。一般气调储藏苹果，温度在 0～1℃，相对湿度 95% 以上，调控氧在 2%～4%、二氧化碳 3%～5%。气调储藏苹果应整库储藏，整库出货，中间不便开库检查，一旦解除气调状态，即应尽快调运上市供应。

二、冷库储藏

苹果适宜冷藏，尤其对中熟品种最适合。储藏时最好单品种分别单库储藏。采后应在产地树下挑选、分级、装箱（筐），避免到库内分级、挑选，重新包装。入冷库前应在走廊（也称穿堂）散热预冷一夜再入库。码垛应注意留有空隙。一般库内可利用堆码面积 70% 左右，折算库内实用面积每平方米可堆码储藏约1 吨苹果。冷库储藏管理主要也是加强温度、湿度调控；通过制冷系统经常供液、通风循环，调控库温上下幅度最好不超过1℃。冷库储藏苹果，往往相对湿度偏低，所以应注意及时人工喷水加湿，保持相对湿度在 90%~95%。若想保持其色泽和硬度少变化，最好是利用聚氯乙烯透气薄膜袋来衬箱装果，并加防腐药物，有利于延迟后熟、保持鲜度、防止腐烂。

三、通风库储藏

通风库因储藏前期温度偏高，中期又较低，一般只适宜储晚熟苹果。入库时就分品种、分等级码垛堆放，堆码时，垛底要垫放枕木（或条石），垛底离地 10~20 厘米，在各层筐或几层纸箱间应用木板、竹篱笆等衬垫，垛顶距库顶 50 厘米以上，垛距门和通风口（道）1.5 米以上，以利于通风、防冻。储藏前期，多利用夜间低温来通风降温。储藏中期，减少通风，库内应在垛顶、四周适当覆盖，以免受冻。储藏后期，需每天观测记录库内温度、湿度，并经常检查苹果质量。

参 考 文 献

高文胜, 王志刚, 郝玉金, 2015. 苹果现代栽培关键技术[M]. 北京: 化学工业出版社.

何平, 李林光, 2020. 苹果高效栽培技术有问必答[M]. 北京: 中国农业出版社.

王江柱, 王勤英, 2015. 苹果病虫害诊断与防治图谱[M]. 北京: 金盾出版社.

王江柱, 解金斗, 2019. 苹果高效栽培与病虫害看图防治(第二版)[M]. 北京: 化学工业出版社.

于新刚, 2018. 苹果修剪图文精解[M]. 北京: 化学工业出版社.

张永平, 2018. 苹果栽培技术[M]. 昆明: 云南科技出版社.

郑智龙, 杨振宇, 黄海帆, 2015. 果树栽培技术[M]. 北京: 中国农业科学技术出版社.